信息安全
技术大讲堂

从实践中学习

Fiddler Web
应用分析

大学霸IT达人◎编著

机械工业出版社
China Machine Press

图书在版编目（CIP）数据

从实践中学习Fiddler Web应用分析 / 大学霸IT达人编著. —北京：机械工业出版社，2020.9
（信息安全技术大讲堂）

ISBN 978-7-111-66500-7

Ⅰ. 从… Ⅱ. 大… Ⅲ. 虚拟网络 – 调试方法 Ⅳ. TP393.08

中国版本图书馆CIP数据核字（2020）第168809号

从实践中学习 Fiddler Web 应用分析

出版发行：机械工业出版社（北京市西城区百万庄大街 22 号 邮政编码：100037）

责任编辑：陈佳媛　　　　　　　　　　　　责任校对：姚志娟

印　　刷：中国电影出版社印刷厂　　　　　版　　次：2020 年 9 月第 1 版第 1 次印刷

开　　本：186mm×240mm　1/16　　　　　印　　张：16.25

书　　号：ISBN 978-7-111-66500-7　　　　定　　价：79.00 元

客服电话：（010）88361066　88379833　68326294　　　投稿热线：（010）88379604

华章网站：www.hzbook.com　　　　　　　　　　　读者信箱：hzit@hzbook.com

Web 应用是通过 HTTP/HTTPS 访问 Web 服务器的应用程序，网站是传统 Web 应用的常见形式。随着智能手机的普及，大量的手机 App 也内嵌了 Web 应用模块，如手机购物 App、各类直播 App 及游戏。在这些软件的开发和使用过程中，人们经常分析它们的各种数据。

例如：软件测试工程师需要分析 Web 应用的稳定性；网络安全人员需要分析 Web 应用数据的安全性；而渗透测试工程师则需要通过 Web 应用分析 Web 服务的漏洞。在实际分析中存在各种挑战，如代码层层封装、各类代码调用繁杂等问题。Fiddler 是一款专业、免费的 Web 应用调试工具。通过内置的代理功能，Fiddler 可以同时支持浏览器网页、手机 App 分析。用户安装 Fiddler 提供的根证书，还可以解密 HTTPS 加密数据。

本书基于 Fiddler 的最新版本 5.0，从渗透测试的角度讲解如何跟踪 Web 应用流程，分析 HTTP 请求和响应，获取和修改关键数据。为了便于读者理解，本书在讲解过程中贯穿了大量的操作实例，读者可以更为直观地掌握各部分的内容。本书不仅适合软件测试人员、渗透测试人员、网络维护人员，还适合普通网络爱好者阅读。

本书特色

1. 详细剖析Web应用的各类数据

Web 应用分析的重点是数据传输，这些数据不仅体现应用的业务数据，还反映应用的业务逻辑。本书详细讲解如何查看和修改业务数据，还从 HTTP 的角度分析业务逻辑，帮助读者深入理解 Web 应用的实现方式。

2. 内容操作性强

Fiddler 是一款功能很强大的分析/调试工具，它提供强大的代理功能，并提供多种数据过滤和展现方式以及调试功能。本书对每项功能都以操作步骤的方式进行展现，然后进行详细讲解。

3. 由浅入深，容易上手

本书充分考虑初学者的实际情况，先从概念讲起，然后进行实践，帮助读者明确 Fiddler

Web 应用分析的原理和实施方式。在针对每种数据进行分析时，首先分析工作原理，然后分析 Fiddler 的使用方式，最后给出操作实例。

4．环环相扣，逐步讲解

Web 分析过程遵循固定的流程，如配置环境、捕获数据、过滤/筛选数据、分析 HTTP 报文、应用数据、修改会话。本书按照该流程详细分析每个环节的技术，逐步讲解实现方式。通过这样的方式，帮助读者理解 Web 应用分析的本质，以便灵活应对实际应用中的各种复杂情况。

5．提供完善的技术支持和售后服务

本书提供 QQ 交流群（343867787）、论坛（bbs.daxueba.net），供读者交流和讨论学习中遇到的各种问题。读者还可以关注我们的微博账号（@大学霸 IT 达人），获取图书更新信息及相关技术文章。另外，本书还提供了售后服务邮箱 hzbook2017@163.com，读者在阅读本书的过程中若有疑问，也可以通过该邮箱获得帮助。

本书内容及知识体系

第 1 章主要介绍 Fiddler 的工作原理、获取和安装 Fiddler、Fiddler 主界面、配置网络环境、解密 HTTPS 及常见问题等。

第 2～4 章主要介绍如何使用 Fiddler 捕获和查看数据，如使用 Web Session 列表、查看摘要和统计数据、设置捕获过滤器、过滤显示、全文搜索等。

第 5～8 章主要介绍分析 HTTP 的格式数据和作用，如 HTTP 请求和响应的组成格式、缓存工作机制、缓存的分析方式、Cookie 的工作机制和分析方式等。

第 9 章主要介绍如何分析会话传输的应用数据，涵盖文本、图片、视频、音乐、JSON、XML 和认证信息等数据。

第 10 章主要介绍如何修改会话，涵盖会话断点、设置请求断点、设置响应断点、修改会话请求和修改会话响应等内容。

本书配套资源获取方式

本书涉及的工具和软件需要读者自行获取。获取途径有以下几种：
- 根据书中对应章节给出的网址自行下载；
- 加入本书 QQ 交流群获取；
- 访问论坛 bbs.daxueba.net 获取；

- 登录华章公司网站 www.hzbook.com，在该网站上搜索到本书，然后单击"资料下载"按钮，即可在页面上找到"配书资源"下载链接。

本书内容更新文档获取方式

为了让本书内容紧跟技术发展和软件更新步伐，我们会对书中的相关内容进行不定期更新，并发布对应的电子文档。需要的读者可以加入 QQ 交流群获取，也可以通过华章公司网站上的本书配套资源链接下载。

本书读者对象

- 网络安全和维护人员；
- 手机应用开发人员；
- 渗透测试技术人员；
- 信息安全技术爱好者；
- 在校大学生；
- 计算机安全自学者；
- 专业培训机构的学员。

本书阅读建议

- Web 应用分析操作性很强，需要多练习、多操作，积累相关经验；
- 由于 Web 应用差异较大，传输的数据可能会使用各种编码格式或加密技术，分析时建议先了解相关的开发技术，如前端通用的 JavaScript 加密函数；
- 在实践过程中，建议先了解相关法律法规，避免侵犯他人的权益和触犯法律；
- 数据分析需要读者具备一定的网络基础知识和 HTTP 知识，建议先阅读相关图书。

本书作者

本书由大学霸 IT 达人团队编写。感谢在本书编写和出版过程中给予团队大量帮助的各位编辑！由于作者水平所限，加之写作时间有限，书中可能还存在一些疏漏和不足之处，敬请各位读者批评、指正。

|目录|

第 1 章　Fiddler 基础知识

HTTP 是应用极其广泛的网络协议。它不仅应用于传统的网站，而且还是手机应用程序重要的通信协议。Fiddler 是知名的 Web 调试工具，被应用于网站测试、手机软件测试、安全检测等领域。本章将讲解 Fiddler 使用的基础知识。

1.1　Fiddler 简介

Fiddler 是一个 HTTP 的调试代理工具，它内置了基于 Windows 系统的专用代理服务器，能够记录并检查所有计算机和互联网的 HTTP 通信。通过设置断点，用户还可以修改所有"进出"Fiddler 的数据。下面介绍它的工作原理和作用。

1.1.1　Fiddler 的工作原理

Fiddler 作为一种代理服务器软件，其核心功能就是作为代理服务器。

1．Fiddler的核心——代理服务器

代理也称为网络代理，是一种特殊的网络服务。它允许一个网络终端（一般为客户端）通过这个服务器与另一个网络终端（一般为服务器）进行非直接连接。而提供代理服务的电脑系统或其他类型的网络终端称为代理服务器。

2．Fiddler的工作流程

大部分使用 HTTP 的程序都支持代理服务器，因此 Fiddler 适用于常见的各种应用。作为系统代理，启动 Fiddler 后，它会自动注册为 Windows Internet（WinINET）网络服务代理。这样，所有通过微软互联网服务（WinINET）的 HTTP 请求在到达目标 Web 服务器之前，都会经过 Fiddler 代理服务器软件。同样，所有的 HTTP 响应都会在返回客户端之前流经 Fiddler，如图 1.1 所示。

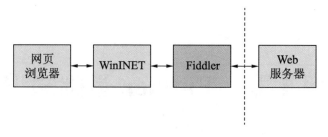

图 1.1 Fiddler 工作流程图

3．Fiddler的实现方式

Fiddler 位于用户与 Web 服务器之间，用于转发请求与响应，如图 1.1 所示。客户端的应用把 HTTP 和 HTTPS 请求发送给 Fiddler，Fiddler 通常把这些请求转发给 Web 服务器。然后，Web 服务器把这些请求的响应返回给 Fiddler，Fiddler 再把这些响应转发给客户端。因此 Fiddler 作为一个监控工具，可以帮助用户了解交互过程的细节，解决遇到的问题。

作为代理服务器，Fiddler 不仅用于查看网络流量，还可以修改发送的请求和接收的响应。用户可以设置请求和响应的断点，以手动修改数据流。满足设置的断点后，Fiddler 会暂停会话，以便用户手动修改请求和响应。Fiddler 还支持内嵌运行脚本，用以自动修改数据流。

1.1.2 Fiddler 的作用

Fiddler 的作用可以总结为以下几点：
- 查看浏览器、客户端应用与服务器之间的 Web 数据流。
- 手动修改任意请求。
- 归档保存捕获到的数据流，支持在不同计算机上加载这些数据。
- 给客户端应用"回放"（play back）先前捕获到的响应。

1.2 获取 Fiddler

在大部分操作系统中，默认没有安装 Fiddler 工具。如果要使用该工具，首先需要安装。在安装之前需要了解如何获取 Fiddler。Fiddler 的官方网站是 http://getfiddler.com，我们可以从该网站中获取 Fiddler。

1.2.1　下载 Fiddler

访问网址 http://getfiddler.com，可以跳转到 Fiddler 的官方下载页面，如图 1.2 所示。
页面中有 3 个文本框需要用户填写。每个文本框需要填写的信息说明如下：
- 第一个文本框：选择准备如何使用 Fiddler。
- 第二个文本框：填写邮件地址。
- 第三个文本框：填写所在国家。

图 1.2　下载页面

填写完以后，需要勾选 I accept the Fiddler End User License Agreement 前面的复选框，
然后单击 Download for Windows 按钮就可以下载了。

1.2.2　安装 Fiddler

通过上述方法就可以成功下载安装包了，下载后的安装包名称为 FiddlerSetup.exe。按
如下步骤使用该安装包进行安装即可。

（1）双击 FiddlerSetup.exe 应用程序，弹出许可协议对话框，如图 1.3 所示。

（2）图 1.3 中显示了使用 Fiddler 的许可证条款信息。单击 I Agree 按钮，弹出安装位
置对话框，如图 1.4 所示。

（3）在图 1.4 中选择 Fiddler 的安装位置，然后单击 Install 按钮，开始安装，如图 1.5

所示。成功安装 Fiddler 之后会打开一个网页，如图 1.6 所示。该界面中显示了使用 Fiddler 的一些关键信息。

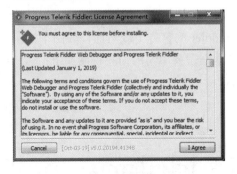

图 1.3　许可协议对话框

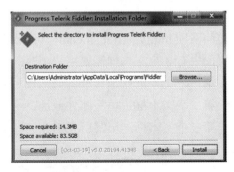

图 1.4　安装位置对话框

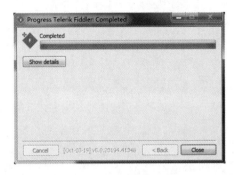

图 1.5　安装界面

图 1.6　安装成功界面

（4）关闭网页。在图 1.5 的安装界面中单击 Close 按钮，完成安装。

🔔提示：建议使用默认的文件夹作为安装路径。因为有些 Fiddler 组件需要安装在默认路径下，否则这些组件将无法正常安装。

1.2.3　更新 Fiddler

Fiddler 软件会定时进行更新，修复软件潜在的 bug，并扩展新的功能。Fiddler 软件提供自动更新和手动更新两种方式。下面依次讲解这两种方式。

1．自动更新

用户启动 Fiddler 后，该软件将会自动检测是否有新的版本。如果有，将弹出软件更新提示对话框，如图 1.7 所示。标题栏中显示了更新公告，版本从 5.0.20182.28034 更新到 5.0.20192.25091。如果只想下载安装包，则单击 Download Only 链接；如果进行更新，则单击"Yes,Restart Now"按钮；如果准备下次开启时再更新，则单击 Next Time 按钮；如果不进行更新，则单击 No 按钮。

单击"Yes,Restart Now"按钮，将显示下载更新进度对话框，如图 1.8 所示。下载完成后，将弹出警告对话框，如图 1.9 所示。

图 1.7　更新提示

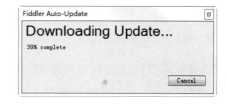

图 1.8　下载更新进度

单击"是(Y)"按钮，开始更新，并显示更新进度对话框，如图 1.10 所示。当更新完成后，将会打开一个网页，如图 1.11 所示，该页面显示了成功更新 Fiddler 的相关信息。

图 1.9　警告信息

图 1.10　更新进度

提示：在更新 Fiddler 时，需要关闭 Fiddler 应用程序；否则会在图 1.10 更新进度未完成期间弹出错误信息，如图 1.12 所示。

2. 手动更新

用户也可以通过手动选择对应的命令来检测是否有新版本，然后进行更新。在 Fiddler 菜单栏中依次选择 Help|Check for Updates...命令，弹出更新提示对话框。然后根据提示进行更新即可，如图 1.7 所示。

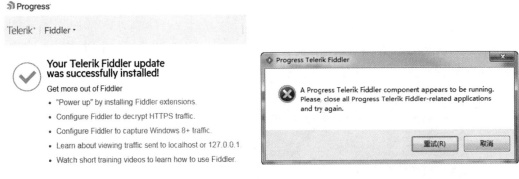

图 1.11 成功更新界面 图 1.12 错误信息

3．取消自动更新

如果不希望 Fiddler 软件自动检测新版本，可以取消自动更新功能。选择 Tools|Options...
命令，弹出 Options 对话框，如图 1.13 所示。

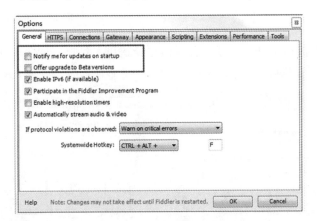

图 1.13 General 选项卡

在 General 选项卡中，取消勾选 Notify me for updates on startup 复选框，Fiddler 启动
时将不再提示有新版本。取消勾选 Offer upgrade to Beta versions 复选框，Fiddler 将不会升
级到 Beta 版本，也不会对 Beta 版本的更新进行提醒。

1.3 Fiddler 主界面介绍

安装好 Fiddler 后就可以启动了。为了方便大家后续学习，这里对 Fiddler 的启动及启
动后的界面做个简单的介绍。

1.3.1　启动 Fiddler

成功安装 Fiddler 后可以在 Windows 开始菜单中找到 Fiddler 工具的启动图标，如图 1.14 所示。单击该图标，就可以启动 Fiddler。启动以后将会弹出一个帮助改进对话框，如图 1.15 所示。

图 1.14　Fiddler 启动图标　　　　　　　图 1.15　帮助改进对话框

图 1.15 所示的对话框提示是否允许向 Telerik 发送匿名的使用和配置信息。如果同意，单击"是"按钮。

1.3.2　Fiddler 用户界面

启动 Fiddler 后，其主界面如图 1.16 所示。

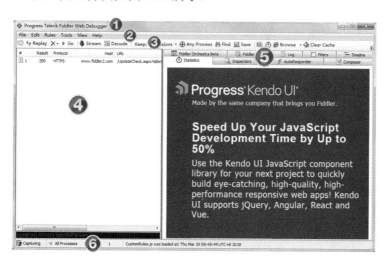

图 1.16　Fiddler 主界面

Fiddler 的用户界面比较复杂，因为它包含要解析的各类 Web 数据信息，而且提供了很多自定义功能。这里首先介绍 Fiddler 主界面的框架结构，具体的用途和功能将会在后面的章节进行介绍。

在图 1.16 中，Fiddler 的每个部分已通过编号的形式标出。下面分别介绍每部分的含义。

- ① 标题栏：Fiddler 标题查看器。
- ② 菜单栏：Fiddler 标准菜单栏。
- ③ 工具栏：常用功能快捷图标按钮。
- ④ Web Sessions 列表：显示 Fiddler 捕获到的每个 Session 的简短摘要信息。
- ⑤ 选项视图：显示在 Web Sessions 列表中选中的 Session 信息。
- ⑥ 状态栏：显示一些关键信息及重要的命令。

在图 1.16 中，编号为④的部分是一个 Web 会话列表。一个 Web 会话代表客户端和服务器之间的一个事务。Web 会话列表中的一个条目就是一个会话。一个会话对象包含一个请求和一个响应，分别表示客户端发送给服务器的数据及服务器返回给客户端的数据。会话对象还会维护一组标志位（Flag），用于保存会话的元数据及在处理该会话过程中记录的时间戳对象。

Fiddler 捕获到的会话信息可以保存到会话归档文件（SAZ）中，以方便后续查看。这种格式的压缩文件中包含完整的请求和响应、标志位、时间戳对象及其他元数据。

1.4　Fiddler 捕获数据

我们要使用 Fiddler 来捕获客户端浏览网页或网站的数据，就需要把 Fiddler 设置为代理服务器。成为代理服务器后，Fiddler 可以捕获本机的会话，也可以捕获到局域网内其他主机的会话，还可以捕获到手机上的会话，下面介绍如何设置代理。

1.4.1　捕获本机数据

启动 Fiddler 后，Fiddler 默认作为系统代理服务器。启动后的主界面见图 1.16。

其中，状态栏最左边显示 Capturing，说明 Fiddler 已经作为系统代理服务器了。这时，在浏览器中访问网站，所有请求和响应的会话就会在 Web Sessions 列表中显示，如图 1.17 所示。

不断访问网站，产生的所有会话也都会出现在 Web Sessions 列表中。如果不想让会话出现在 Web Sessions 列表中，可以取消 Fiddler 的代理服务器功能。取消方法是，在菜单

栏中选择 File|Capture Traffic 命令，或者单击状态栏中的 Capturing，如图 1.18 所示。

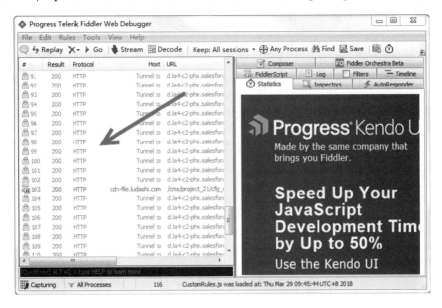

图 1.17　访问网站后的界面

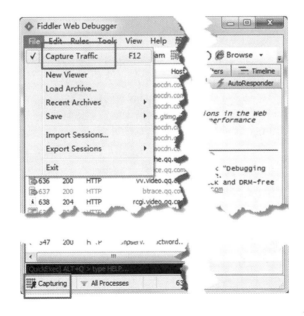

图 1.18　设置代理服务器

　　设置好后，在状态栏中就不会显示 Capturing 了。这时，访问任何网站都不会捕获到会话，后续的会话也就不会出现在 Web Sessions 列表中。

1.4.2　捕获手机数据

当安装 Fiddler 的主机和手机在同一个局域网中时，Fiddler 可以捕获到手机浏览网站的数据。下面介绍具体方法。

1．设置Fiddler所在的主机

（1）启动 Fiddler。在菜单栏中，选择 Tools| Options...命令，弹出 Options 对话框，如图 1.19 所示。

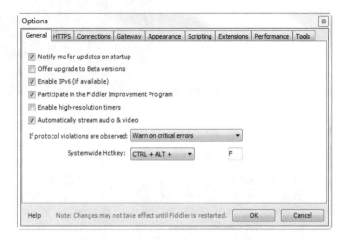

图 1.19　Options 对话框

（2）切换到 Connections 选项卡，如图 1.20 所示。

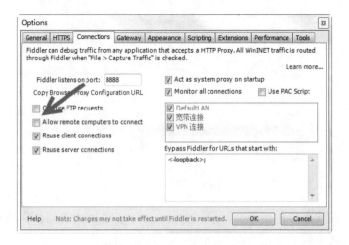

图 1.20　Connections 选项卡

（3）勾选 Allow remote computers to connect 复选框，弹出警告对话框，如图 1.21 所示。

（4）图 1.21 提示允许远程客户端连接 Fiddler，需要重新启动 Fiddler 才生效。单击 "确定" 按钮，返回到 Connections 选项卡，如图 1.22 所示。默认监听端口为 8888，设置好以后，单击 OK 按钮，Fiddler 需要重新启动。

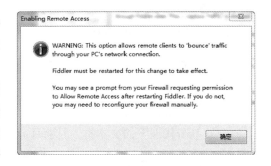

图 1.21　警告对话框

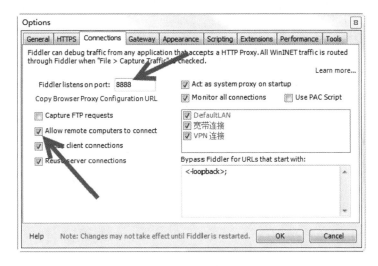

图 1.22　Connections 选项卡

（5）查看主机的 IP 地址。在命令行输入 ipconfig，如图 1.23 所示。

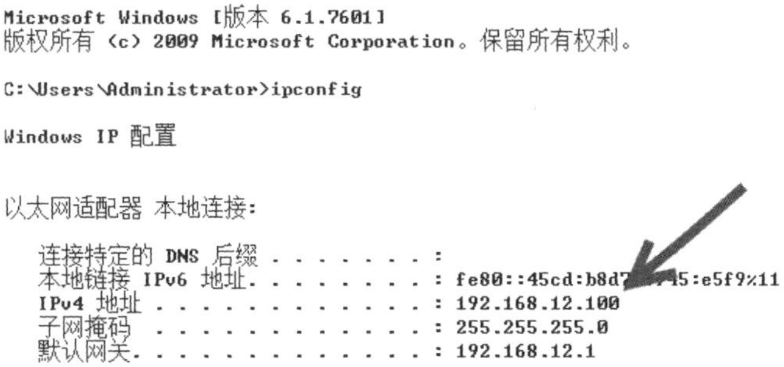

```
Microsoft Windows [版本 6.1.7601]
版权所有 (c) 2009 Microsoft Corporation。保留所有权利。

C:\Users\Administrator>ipconfig

Windows IP 配置

以太网适配器 本地连接：

   连接特定的 DNS 后缀 . . . . . . . :
   本地链接 IPv6 地址. . . . . . . . : fe80::45cd:b8d7:7745:e5f9%11
   IPv4 地址 . . . . . . . . . . . . : 192.168.12.100
   子网掩码  . . . . . . . . . . . . : 255.255.255.0
   默认网关. . . . . . . . . . . . . : 192.168.12.1
```

图 1.23　查看主机 IP

从图 1.23 中可以看到，Fiddler 所在主机的 IP 为 192.168.12.100。

2．设置手机的局域网代理

（1）查看手机所连无线网的网络详情，设置手机的无线网络代理，如图 1.24 所示。其中，手机的 IP 地址为 192.168.12.103。该地址和 Fiddler 所在的主机在同一局域网内。这时，手机没有设置代理。

（2）单击代理下的文本框，选择手动代理，设置代理配置，如图 1.25 所示。

图 1.24　网络详情　　　　　　　　　图 1.25　设置代理

在代理服务器主机名区域输入 Fiddler 所在主机的 IP 地址 192.168.12.100，在代理服务器端口输入 8888。

（3）设置好以后进行保存即可。

（4）用手机浏览网页，Fiddler 就会捕获到手机上的数据。例如，在手机上打开百度首页。在 Fiddler 中查看捕获的数据，如图 1.26 所示。

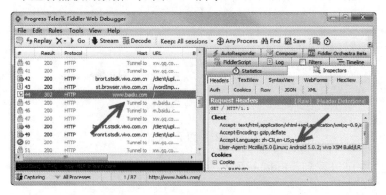

图 1.26　查看捕获到的浏览数据

1.4.3　捕获其他主机数据

通过 Fiddler 还可以捕获局域网内其他主机浏览网站的数据，下面是具体的方法。

（1）在其他主机的浏览器中，依次选择"设置"|"Internet 选项"命令，弹出"Internet 选项"对话框，切换到"连接"选项卡，如图 1.27 所示。

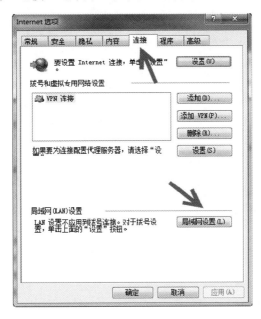

图 1.27　"连接"选项卡

（2）单击下方的"局域网设置"按钮，弹出"局域网（LAN）设置"对话框，如图 1.28 所示。

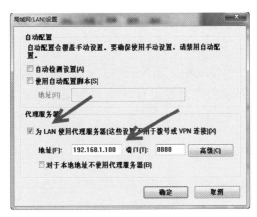

图 1.28　"局域网（LAN）设置"对话框

勾选"代理服务器"下面的复选框。在"地址"文本框中输入 Fiddler 所在主机的 IP 地址。在"端口"文本框中输入端口号 8888。

（3）单击"确定"按钮，保存设置。通过该浏览器访问网页，Fiddler 就会捕获到访问网页的数据。例如，访问百度首页，捕获到的数据如图 1.29 所示。

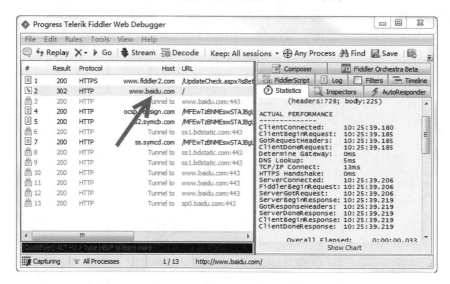

图 1.29 捕获其他主机的数据会话

1.4.4 捕获本地数据

本地数据是指经过本地虚拟接口的数据。该接口对应的地址被称为本地地址或回环地址（Loopback Address），通常使用 localhost 或 127.0.0.1 表示该地址。在使用 Fiddler 捕获数据时，有可能无法捕获到本地数据。这时，可以通过以下两种方式进行捕获。

1．使用主机名

通常情况下，使用 http://localhost 或 http://127.0.0.1 来访问本地主机。如果 Fiddler 无法捕获到本地数据，需要使用主机名进行访问。例如，主机名为 daxueba，可以使用 http://daxueba 进行访问。

2．使用Fiddler格式地址

Fiddler 格式地址指的是在本机 IP 地址后面直接加上 .fiddler。在访问本地主机时，它的基本格式如下：

```
http://ip.fiddler:port
```

其中，ip 为本机 IP 地址，port 为端口号。如果不指定端口号，默认为 80 或 443。例如，本地 IP 地址为 127.0.0.1，可以使用 http://127.0.0.1.fiddler 进行访问。

1.4.5　验证捕获数据

开启 Fiddler 后，默认情况下将会捕获所有应用程序的数据。为了验证是否捕获指定应用的数据，可以开启代理认证来验证。

【实例 1-1】下面演示开启代理认证，验证捕获数据。

（1）开启 Fiddler，查看捕获数据包情况，如图 1.30 所示。可以看到捕获到了 37 条数据。

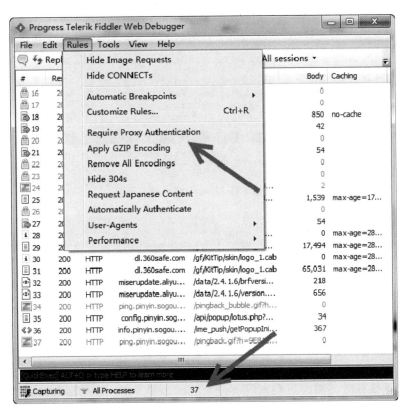

图 1.30　默认捕获到的数据

（2）开启代理认证，依次选择 Rules|Require Proxy Authentication 命令。此时，当应用程序再次产生数据包时，Fiddler 捕获到的数据包为访问被拒绝的数据包。这里使用 IE 浏览器访问网站，捕获到的数据包如图 1.31 所示。

（3）由于开启了代理认证，通过 IE 浏览器将无法直接访问网站。这时会弹出认证信息的对话框，如图 1.32 所示。

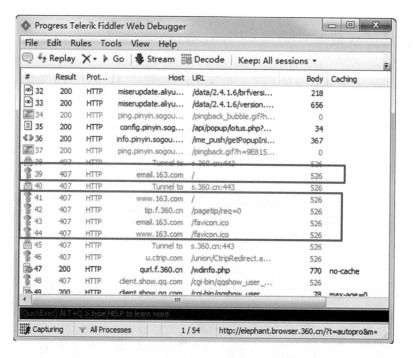

图 1.31　访问被拒绝

（4）Fiddler 代理默认的用户名和密码都为 1。在对应的文本框中输入用户名密码后，单击"确定"按钮，就可以成功访问到网站了。此时 Fiddler 可以捕获到对应的数据包了，如图 1.33 所示。

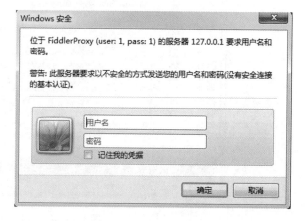

图 1.32　代理认证

💬提示：不同浏览器弹出的认证信息对话框有所不同。有的浏览器弹出的"代理服务器认证"对话框如图 1.34 所示，在其中需要将代理的用户名和密码都设置为 1。而有的浏览器会弹出"需要进行身份验证"对话框，如图 1.35 所示，在其中填写设置的用户名和密码即可。

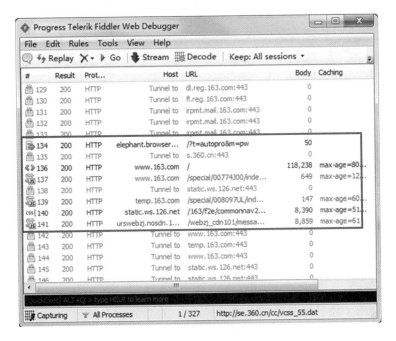

图 1.33　成功捕获到数据包

图 1.34　设置代理认证信息

图 1.35　填写代理认证信息

1.4.6　使用上游代理

部分网络为了安全，访问网站必须使用代理服务器，否则无法连接。此时的访问流程为客户端→Fiddler→代理服务器→目标网站。在这个访问过程中，Fiddler 是客户端的代理，而代理服务器是 Fiddler 的代理，也被称为 Fiddler 的上游代理。在这种网络环境中，Fiddler 还需要设置上游代理。在菜单栏中，依次选择 Tools|Options...命令，弹出 Options 对话框，切换到 Gateway 选项卡，如图 1.36 所示。

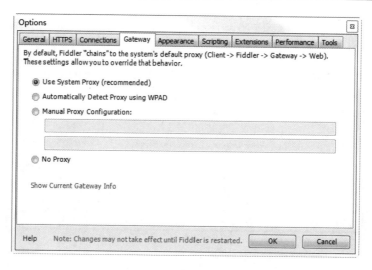

图 1.36　Gateway 选项卡

下面来解释图 1.36 中复选框的具体含义。

- Use System Proxy(recommended)：使用系统代理。
- Automatically Detect Proxy using WPAD：使用 WPAD 机制，自动发现网络内的代理服务器。
- Manual Proxy Configuration：手动设置代理。
- No Proxy：不使用代理。

如果需要使用上游代理，根据自己的需要勾选对应的复选框即可。例如，使用手动设置代理，需要自己输入代理信息，如图 1.37 所示。

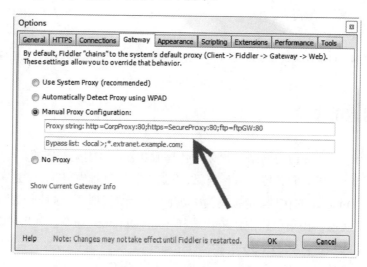

图 1.37　手动设置代理

此时，需要在两个文本框中输入对应的信息。

- 第一个文本框：输入代理服务器的地址和端口号，格式为"地址:端口号"。如果不指定端口号，默认使用 80 端口。
- 第二个文本框：免代理列表，可以将不需要使用代理的网址输入该文本框中。每个网址之间使用分号分隔。

1.4.7　常见问题

按照以上方法设置代理后，有时 Fiddler 还是无法抓取到其他计算机/手机的会话。这往往是由于 Fiddler 所在主机的防火墙导致 Fiddler 代理失败。下面讲解这类问题的解决办法。

1．检查端口监听

在命令行中执行 netstat 命令，检查端口监听情况。

```
C:\Users\Administrator>netstat
活动连接
  协议      本地地址              外部地址             状态
  TCP      127.0.0.1:8888       Windows7:50535      ESTABLISHED
  TCP      127.0.0.1:8888       Windows7:50559      TIME_WAIT
```

其中，本地地址列中出现 127.0.0.1:8888，说明 Fiddler 已经对本机实施了代理，证明 Fiddler 已经正常工作。

2．设置防火墙例外程序

（1）通过"开始"菜单，打开"控制面板"窗口，如图 1.38 所示。

（2）单击"Windows 防火墙"选项，打开"Windows 防护墙"窗口，如图 1.39 所示。

图 1.38　"控制面板"窗口

图 1.39　"Windows 防火墙"窗口

（3）单击"允许程序或功能通过 Windows 防火墙"选项，打开"允许的程序"窗口，如图 1.40 所示。

（4）单击"允许运行另一个程序"按钮，弹出"添加程序"对话框，如图 1.41 所示。

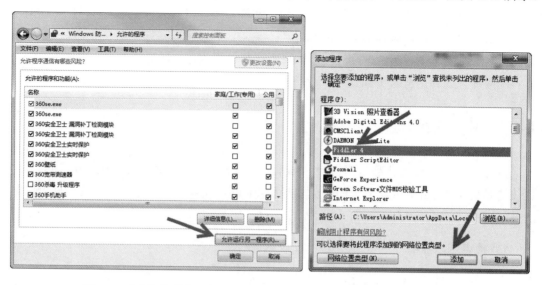

图 1.40 "允许的程序"窗口   图 1.41 "添加程序"对话框

（5）选择要添加的 Fiddler 4 程序，然后单击"添加"按钮，将 Fiddler 4 添加到允许的程序列表中，如图 1.42 所示。

图 1.42 允许的程序列表

3．设置防火墙端口8888例外

（1）在"Windows 防火墙"窗口中，单击"高级设置"选项，打开"高级安全 Windows 防火墙"窗口，如图 1.43 所示。

图 1.43 "高级安全 Windows 防火墙"窗口

（2）在左侧栏中，单击 "入站规则"选项，显示"入站规则"面板，如图 1.44 所示。

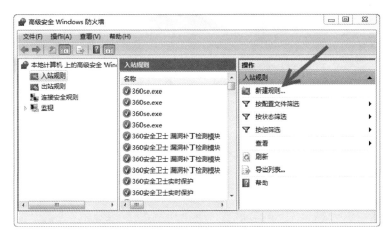

图 1.44 "入站规则"面板

（3）单击"新建规则"选项，弹出"新建入站规则向导"对话框，如图 1.45 所示。

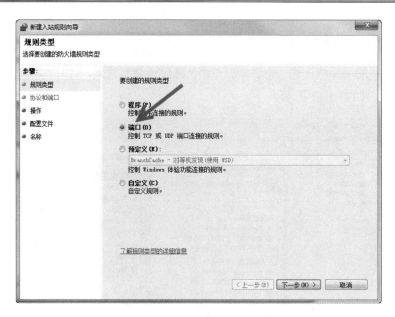

图 1.45 "新建入站规则向导"对话框

（4）选择"端口"单选按钮，单击"下一步"按钮，进入"协议和端口"对话框，如图 1.46 所示。

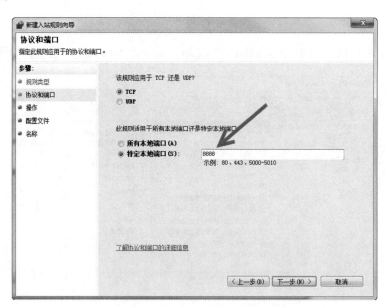

图 1.46 "协议和端口"对话框

（5）选择"特定本地端口"单选按钮，并在文本框中输入允许通过的端口 8888。单击"下一步"按钮，进入"操作"对话框，如图 1.47 所示。

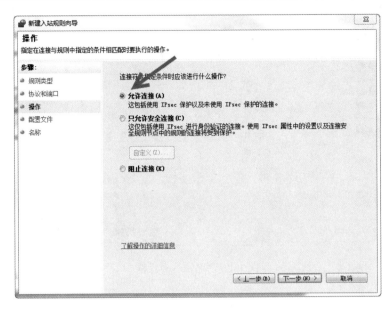

图 1.47 "操作"对话框

（6）单击"下一步"按钮，进入"配置文件"对话框，如图 1.48 所示。

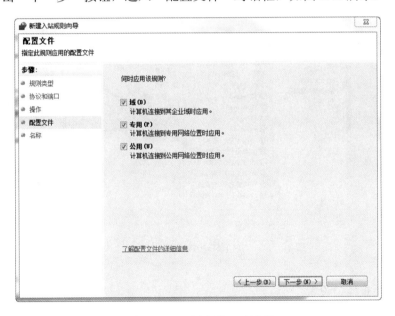

图 1.48 "配置文件"对话框

（7）使用默认的配置，单击"下一步"按钮，进入"名称"对话框，如图 1.49 所示。

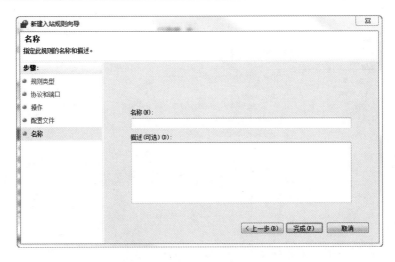

图 1.49 "名称"对话框

（8）在"名称"文本框中输入规则名称。例如，这里设置的名称为"8888 代理"。单击"完成"按钮，回到"高级安全 Windows 防火墙"窗口。这时，可以看到添加的入站规则，如图 1.50 所示。

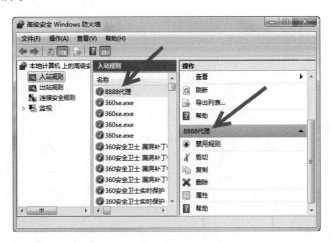

图 1.50 入站规则

4．再次检查端口设置

在命令行中执行 netstat 命令，检查端口监听情况。

```
C:\Users\Administrator>netstat
```

活动连接

协议	本地地址	外部地址	状态
TCP	127.0.0.1:52380	Windows7:8888	TIME_WAIT
TCP	192.168.12.102:49186	hn:http	ESTABLISHED
TCP	192.168.12.102:49405	223.167.166.62:http	ESTABLISHED
TCP	192.168.12.102:49807	163.177.71.178:http	CLOSE_WAIT

输出信息的外部地址列中出现了 Windows7:8888，说明 Fiddler 已经对同一局域网中的其他计算机开启了代理功能。

1.5　配置 HTTPS 解密

Fiddler 在捕获网站数据时，默认只捕获 HTTP 数据。但是很多网站为了安全，会对数据进行加密，使用 HTTPS 进行传输。为了能够捕获和解析 HTTPS 的数据，用户需要进行相关设置。

1.5.1　启用 HTTPS 解密

为了能够捕获到加密的会话，需要设置 Fiddler 捕获 HTTPS 会话连接，并启用 HTTPS 解密功能。用户需要单击 Tools|Options...命令，打开 Options 对话框。单击 HTTPS 标签，打开 HTTPS 选项卡，如图 1.51 所示。

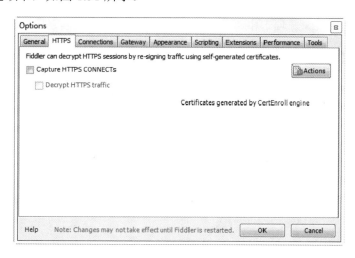

图 1.51　HTTPS 选项卡

1.　启用HTTPS解密功能

启用 HTTPS 解密功能需要捕获到该协议的数据包。在 HTTPS 选项卡中，需要先勾选

Capture HTTPS CONNECTs 复选框，捕获 HTTPS 会话连接。然后再勾选 Decrypt HTTPS traffic 复选框，开启 HTTPS 解密功能，如图 1.52 所示。

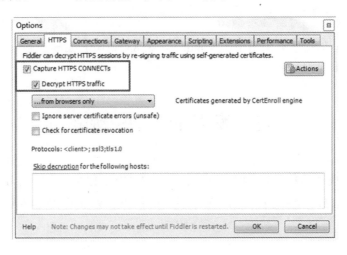

图 1.52　启用捕获 HTTPS 并解密功能

2．设置数据来源

Fiddler 会捕获所在主机上所有进程的 HTTPS 数据包。如果使用 HTTPS 的进程很多，那么会获取太多的无用会话。为了能够捕获特定类型的 HTTPS 数据包，需要设置要捕获数据的来源。在 HTTPS 选项卡中，单击 from all processes 下拉按钮，弹出下拉列表框，如图 1.53 所示。

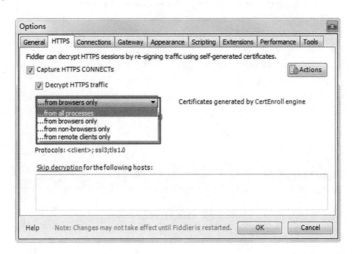

图 1.53　数据来源的 4 种方式

Fiddler 将 HTTPS 数据来源分为 4 种，每种来源说明如下：

- …from all processes：捕获所有进程的 HTTPS 包。
- …from browsers only：只捕获浏览器产生的 HTTPS 包。
- …from non-browsers only：只捕获非浏览器产生的 HTTPS 包。
- …from remote clients only：只捕获远程客户端产生的 HTTPS 包。

用户可以根据要分析的目标，自行选择数据来源。

3．设置客户端加密类型

HTTPS 的版本不同，采用的加密方式也会不同。如果明确了加密类型，在捕获加密
的 HTTPS 数据包时，可以指定客户端使用的加密类型。Fiddler 支持的类型有 ssl2、ssl3、tls1.0、tls1.1 和 tls1.3。客户端加密类型默认使用的是 ssl3 和 tls1.0。设置客户端加密类型，需要在 HTTPS 选项卡中单击<client>; ssl3;tls1.0 链接，弹出 HTTPS Protocols 对话框，如图 1.54 所示，然后在文本框中输入要设置的客户端加密类型即可。

图 1.54　HTTPS Protocols 对话框

4．解密/跳过特定主机

在捕获过程中，如果某些主机的 HTTPS 数据包不需要进行解密则可以直接跳过。在
HTTPS 选项卡中，Skip decryption for the following hosts 下面的文本框中输入要跳过解密
的主机地址即可，如图 1.55 所示。

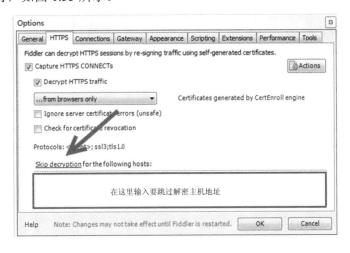

图 1.55　跳过解密的主机地址

如果只对特定主机的 HTTPS 数据包进行解密，需要在 HTTPS 选项卡中单击 Skip decryption 链接，显示如图 1.56 所示的界面，然后在 Perform decryption only for the following hosts 下面的文本框中输入进行解密的主机地址即可。

图 1.56　只解密特定的主机地址

1.5.2　导出证书

Fiddler 提供了导出证书的功能。导出的证书可以供其他计算机和手机使用，便于后期解密。导出证书时，需要在 HTTPS 选项卡中单击 Actions 按钮，弹出下拉列表框，如图 1.57 所示。

在其中选择 Export Root Certificate to Desktop 选项，弹出 Success 对话框，如图 1.58 所示。该对话框提示已经成功将证书导出到了桌面，证书名称为 FiddlerRoot.cer。

图 1.57　导出证书

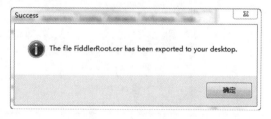

图 1.58　Success 对话框

1.5.3　在计算机上导入证书

要解密 HTTPS 的数据，必须安装 Fiddler 的证书。Fiddler 所在的计算机上已经安装了

该证书。非 Fiddler 所在的计算机就需要用户手动
将证书导入了。这里以 Windows7 系统的计算机为
例，讲解如何导入证书。

（1）使用 Win+R 快捷键，打开"运行"对话
框，输入 mmc，如图 1.59 所示。

（2）单击"确定"按钮，打开控制台，如图 1.60
所示。

（3）选择"文件"|"添加/删除管理单元"命

图 1.59　"运行"对话框

令，弹出"添加或删除管理单元"对话框，如图 1.61 所示。

图 1.60　控 制 台

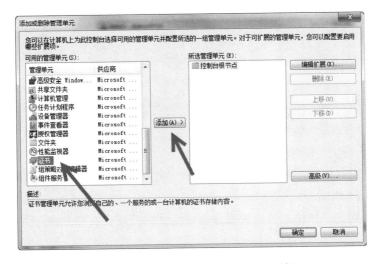

图 1.61　"添加或删除管理单元"对话框

（4）在左侧栏中找到"证书"，单击"添加"按钮，弹出"证书管理"对话框，如图 1.62 所示。

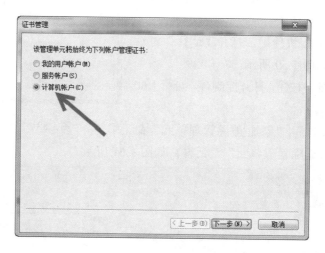

图 1.62　"证书管理"对话框

（5）在图 1.63 中需要选择要管理的证书账户。这里选择"计算机账户"单选按钮，单击"下一步"按钮，弹出"选择计算机"对话框，如图 1.63 所示。

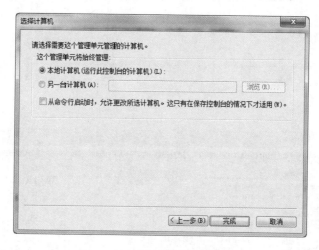

图 1.63　"选择计算机"对话框

（6）这里使用默认值。单击"完成"按钮，可以看到成功将证书添加到了右侧的管理单元中，如图 1.64 所示。

（7）单击"确定"按钮，关闭该对话框，返回到控制台。在左侧可以看到相关信息，如图 1.65 所示。

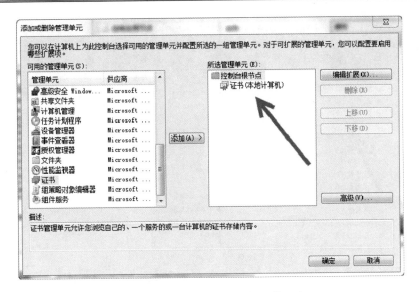

图 1.64　证书成功添加到管理单元中

图 1.65　控制台中添加了证书

（8）在左侧栏中，展开"证书"分支。在"受信任的根证书颁发机构"中找到"证书"，如图 1.66 所示。

（9）右击"证书"选项，依次选择"所有任务"|"导入"命令，弹出"证书导入向导"对话框，如图 1.67 所示。

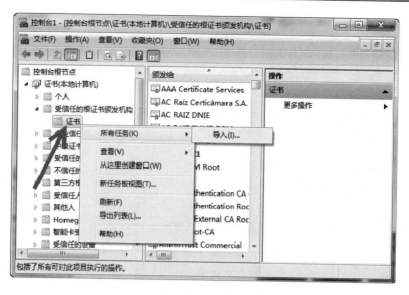

图 1.66　控制台

（10）单击"下一步"按钮，弹出"要导入的文件"对话框，如图 1.68 所示。

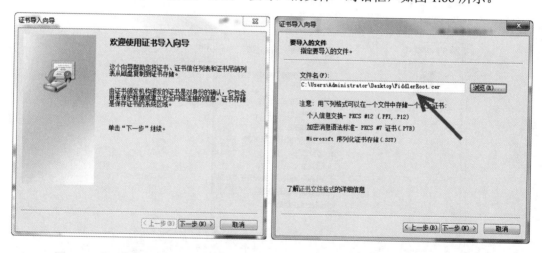

图 1.67　"证书导入向导"对话框　　　　　图 1.68　"要导入的文件"对话框

（11）单击"浏览"按钮，选择要导入证书的路径。这里导入桌面上的证书 Fiddler-Root.cer，单击"下一步"按钮，弹出"证书存储"对话框，如图 1.69 所示。

（12）在图 1.69 中选择证书的存储位置。这里使用自动存储。选择"根据证书类型，自动选择证书存储"单选按钮，单击"下一步"按钮，弹出"正在完成证书导入向导"对话框，如图 1.70 所示。

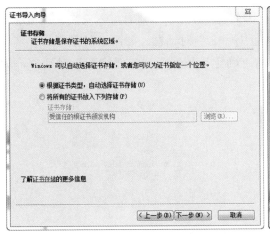

图 1.69　"证书存储"对话框

图 1.70　"正在完成证书导入向导"对话框

（13）单击"完成"按钮，完成证书导入，弹出"导入成功"对话框，如图 1.71 所示。

图 1.71　"导入成功"对话框

1.5.4　在手机上导入证书

如果要解析手机上的 HTTPS 会话，需要在手机上导入 Fiddler 的证书。下面是操作方法。

（1）将要安装的证书复制到手机 SD 卡的根目录下。

（2）打开手机的"设置"界面，如图 1.72 所示。

（3）在"设置"界面中找到"安全"选项，打开"安全"界面，如图 1.73 所示。

图 1.72　手机的"设置"界面

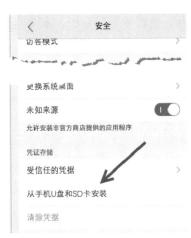

图 1.73　"安全"界面

（4）由于证书放在了 SD 卡的根目录下，因此选择从 SD 卡进行导入安装。这里选择"从手机 U 盘和 SD 卡安装"选项，弹出"为证书命名"对话框，如图 1.74 所示。

（5）将证书命名为 FiddlerCA。然后单击"确定"按钮，弹出"注意"对话框，如图 1.75 所示。

图 1.74 "为证书命名"对话框

图 1.75 "注意"对话框

（6）在手机上安装证书，需要输入手机设置的密码。单击"确定"按钮，正确输入密码后，证书在手机上安装成功。

（7）返回"安全"界面，打开"受信任的凭据"界面，可以看到安装成功的证书，如图 1.76 所示。

图 1.76 成功安装的证书

1.6 保 存 数 据

Fiddler 会捕获到大量的会话数据。对于重要的会话，用户往往需要保存，以便日后使用，或使用其他软件进行分析。本节将讲解如何保存数据。

1.6.1 保存档案数据

档案格式是 Fiddler 的特有格式，后缀名是.saz（Session Archive Zip 的缩写）。档案格式用于保存 HTTP 会话信息。使用该格式，用户可以保存全部会话数据，也可以保存指定的会话。

1. 保存所有会话数据

如果 Fiddler 捕获到的数据包全部有用，可以将这些数据包全部保存。操作方法如下：

【实例 1-2】将所有的会话数据保存到一个文件中。

（1）捕获到的数据包如图 1.77 所示，捕获到了 20 个会话。

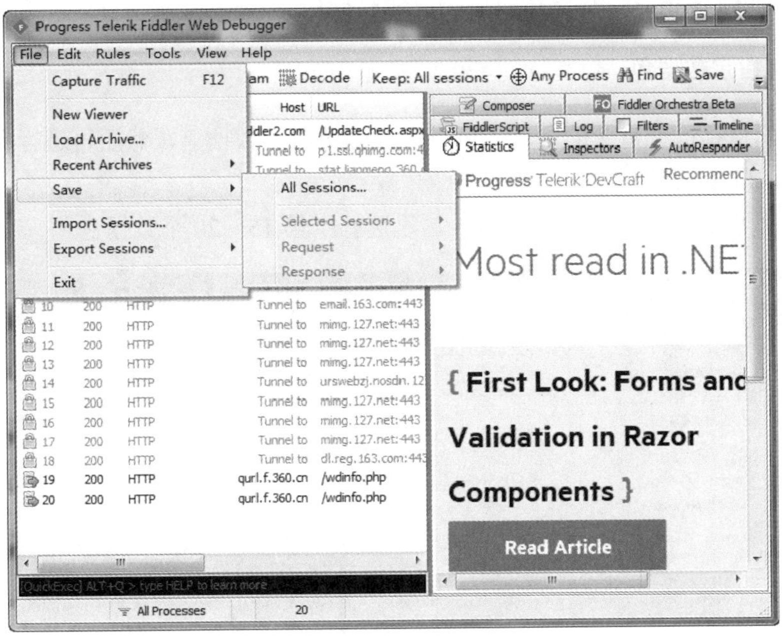

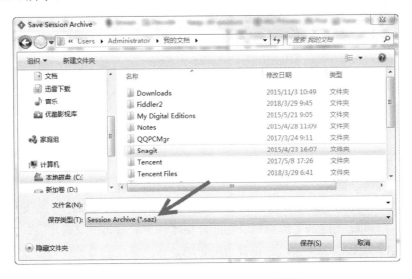

图 1.77　保存全部数据包

（2）在菜单栏中，依次选择 Save|All Sessions...命令，弹出 Save Session Archive 对话框，如图 1.78 所示。

图 1.78　Save Session Archive 对话框

（3）选择会话保存的路径，并在"文件名"文本框中输入保存文件的名称，文件的后缀名默认为.saz。单击"保存"按钮，完成保存操作。

2．保存指定数据包

如果只想保存部分重要的会话，可以先选择对应的数据包，然后再进行保存。

【实例 1-3】保存指定的数据包。

（1）选择数据包，如图 1.79 所示。这里选择了第 15～20 个数据包。

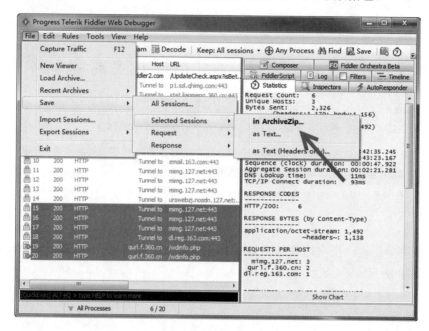

图 1.79　保存指定数据包

（2）在菜单栏中，依次选择 Save|Selected Sessions|in ArchiveZip...命令，然后选择保存路径即可。

1.6.2　打开档案数据

将会话数据保存到档案文件后，如果想使用这些数据，则可以进行加载。对于以前打开过的文件，Fiddler 还提供了历史记录功能，用于快速打开这些文件。

【实例 1-4】加载档案文件，并查看历史记录。

（1）启动 Fiddler，如图 1.80 所示。可以看到只有 1 个数据包。

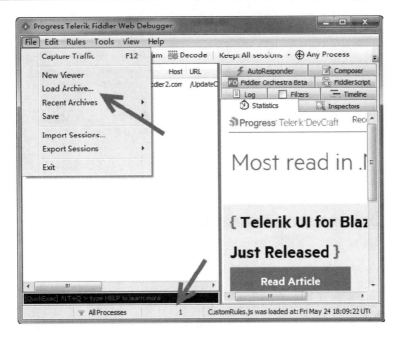

图 1.80　启动 Fiddler

（2）在菜单栏中，依次选择 File|Load Archives...命令，弹出 Load Session Archives 对话框，如图 1.81 所示。

图 1.81　选择要加载的档案文件

（3）在图 1.81 中选择要加载的档案文件，这里加载的是 sessions.saz 文件。单击"打开"按钮，即可成功加载，如图 1.82 所示。从图中可以看到成功加载了 7 个数据包。

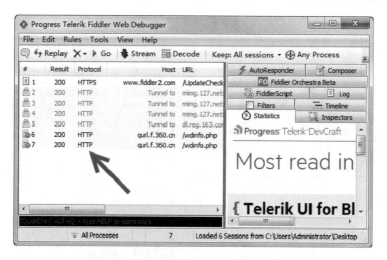

图 1.82　查看加载的数据包

（4）查看最近加载档案文件的记录。在菜单栏中，依次选择 File| Recent Archives...命令，如图 1.83 所示。从图中可以看到刚才加载 sessions.saz 文件的记录信息，并且编号为 0。

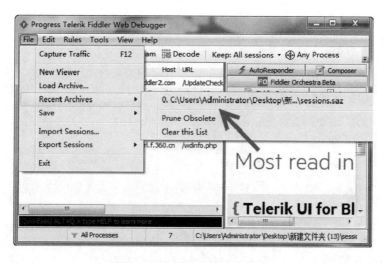

图 1.83　查看加载的历史记录

1.6.3　保存为其他文件格式

Fiddler 允许将捕获到的数据包保存为其他格式文件的数据，供第三方软件使用。同时，它也可以导入第三方软件保存的文件数据。

1．保存为第三方软件支持的文件格式

Fiddler 提供了 8 种第三方软件支持的文件格式，保存方法如下：

（1）现捕获到 10 个数据包，如图 1.84 所示。

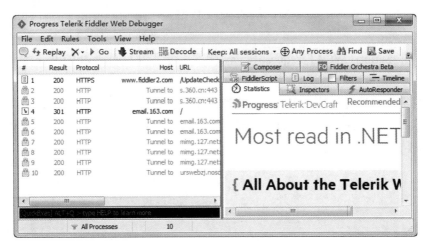

图 1.84　捕获的数据包

（2）在菜单栏中，依次选择 File|Exprot Sessions|All Sessions...命令，弹出 Select Export Format 对话框。单击下拉按钮，在下拉列表框中将显示支持的导出格式，如图 1.85 所示。

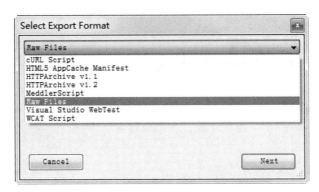

图 1.85　支持的导出格式

图 1.85 中显示了支持的 8 种导出格式，每种格式说明如下：

- cURL Script：cURL 格式，可以用于通过 URL 语法进行文件传输的命令行工具。
- HTML5 AppCache Manifest：HTML 5 缓存清单列表格式，可以用于离线应用程序下载资源。
- HTTPArchive v1.1：基于 JSON 的 HTTP 存档格式。

- HTTPArchive v1.2：基于 JSON 的 HTTP 存档格式。
- MeddlerScript：Meddler 脚本格式。Meddler 是一个基于 JavaScript 的 HTTP/HTTPS 生成工具。
- Raw Files：将所有内容保存到文件夹中。
- Visual Studio WebTest：XML WebTest 文件格式，由 Microsoft Visual Studio WebTest 2010+支持。
- WCAT Script：WCAT request-replay 脚本，可以由 Microsoft 的 Web 容量分析工具加载。

（3）将数据包保存为基于 JSON 的 HTTP 存档格式的文件。选择 HTTPArchive v1.1，然后单击 Next，弹出 Export As HTTPArchive v1.1 对话框，如图 1.86 所示。将保存的文件命名为 keep-json，后缀名为.har。

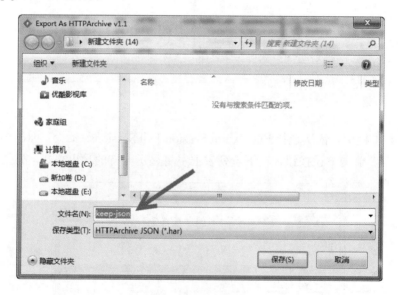

图 1.86　选择路径

（4）单击"保存"按钮，保存即可。

2. 导入第三方格式的文件

不同软件保存文件的格式往往不同，Fiddler 提供了导入文件功能，可以打开第三方软件保存的文件。Fiddler 支持 5 种格式文件的导入。下面介绍导入的方法。

（1）现有一个 Wireshark 软件捕获到的 test.zip.pcapng 数据包文件。打开该文件，如图 1.87 所示。图中显示了 4 个 HTTP 数据包。其中，编号为 4 和 31 的数据包为请求包，编号为 28 和 32 的数据包为响应包。

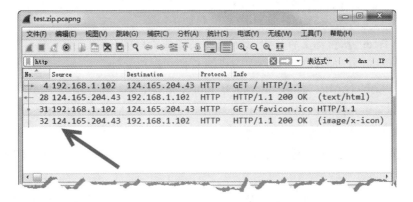

图 1.87　Wireshark 捕获的数据包

（2）启动 Fiddler，如图 1.88 所示。此时，没有一个会话。

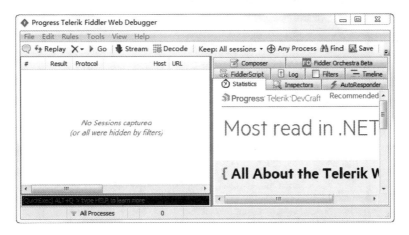

图 1.88　启动界面

（3）将 Wireshark 软件的.pcapng 文件导入到 Fiddler 中。在 Fiddler 菜单栏中，依次选择 File|Import Sessions...命令，弹出 Select Import Format 对话框。单击下拉列表框，显示的支持导入的文件格式如图 1.89 所示。

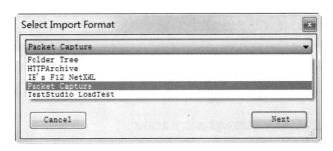

图 1.89　支持的导入格式

Fiddler 支持 5 种导入格式，每种格式说明如下：

- Folder Tree：从目标文件夹及其子文件夹加载所有的 SAZ 文件。
- HTTPArchive：加载基于 JSON 格式的 HTTP 存档文件。
- IE's F12 NetXML：加载 Internet Explorer F12 开发工具导出的 XML 格式文件。
- Packet Capture：导入 Wireshark、Microsoft Network Monitor 和 Message Analyzer 等工具捕获的 HTTP 的数据包文件。
- TestStudio LoadTest：从 Telerik Test Studio（自动化工具）中读取 HTTP/HTTPS 数据包。

（4）选择 Packet Capture 选项，单击 Next 按钮，弹出 Import from Packet Capture 对话框，如图 1.90 所示。

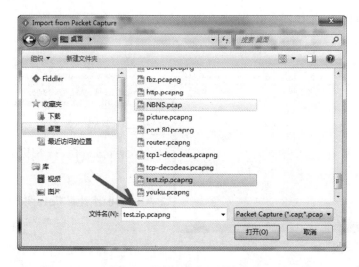

图 1.90　选择要导入的文件

（5）选择要导入的 test.zip.pcapng 文件，单击"打开"按钮，将成功导入数据包，如图 1.91 所示。这时可以看到两个会话，每个会话包含一个 HTTP 请求和响应。

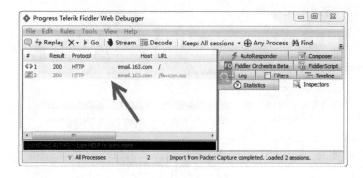

图 1.91　成功导入数据包

第 2 章　认识 Session

在 Fiddler 中，抓取的数据都以 Session 的形式存在。每个 Session 都保存着客户端和服务器完整的数据请求和响应。为了便于用户快速获取会话信息，Fiddler 提供了 Session 摘要信息和统计信息功能。本章将详细讲解摘要信息和会话信息的获取方式。

2.1　Web Session 列表

Web Session 列表是 Fiddler 中最重要的部分。它显示了 Fiddler 捕获的每个 Session 的简短摘要信息。在 Web Session 列表中，一个条目就是一个 Session。下面先初步认识 Web Session 列表的基本信息。启动 Fiddler 捕获数据，查看 Web　Session 列表中包含的重要信息，如图 2.1 所示。

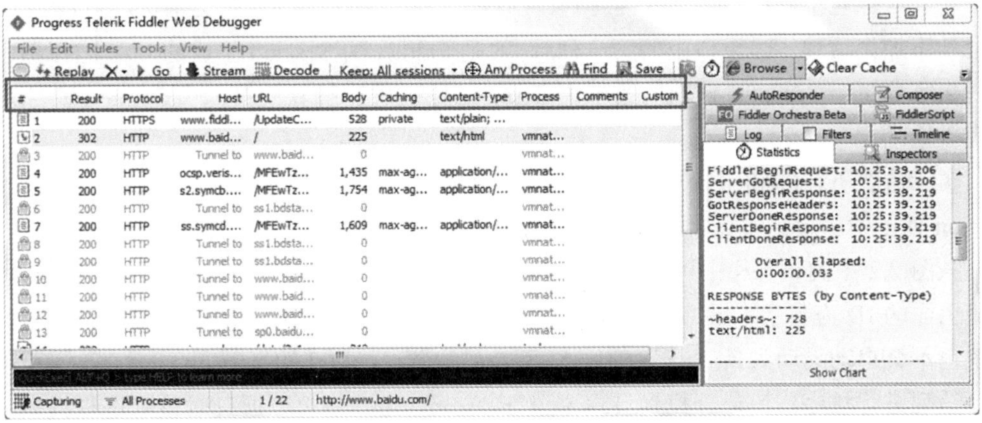

图 2.1　Web Session 列表信息

从图 2.1 的 Web　Session 列表中可以看到一些列标题，每一列标题包含会话的一些重要信息。每一列的具体含义如下：

- #表示 Fiddler 为 Session 生成的 ID。
- Result 表示响应状态码。

- Protocol 表示该 Session 使用的协议，如 HTTP、HTTPS、FTP。
- Host 表示接收请求的服务器的主机名和端口号。
- URL 表示请求 URL 的路径、文件和查询字符串。
- Body 表示响应体中包含的字节数。
- Caching 表示响应头中 Expires 和 Cache-Control 字段的值。
- Content-Type 表示响应的 Content-Type 头类型。
- Process 表示数据流对应的本地 Windows 进程。
- Comments 表示 Session 的注释信息。
- Custom 表示 FiddlerScript 设置的 ui-CustomColumn 标志位的值。

2.2　Session 的摘要信息

每个 Session 的摘要信息在 Web Session 列表中以列标题的形式列举出来。本节将详细介绍重要的摘要信息。

2.2.1　会话编号

在一次抓包中，Fiddler 往往会抓取大量的会话。为了区别这些会话，Fiddler 会为每个会话添加会话编号。窗口中的第一列#，就是 Fiddler 为 Session 生成的 ID。它以数字的形式来区分每个 Session。捕获的第一个 Session 编号为 1，捕获的第二个 Session 编号为 2，以此类推。

实际情况下，Fiddler 捕获的会话较多，生成的 ID 也会逐渐变大。默认情况下，Web Session 列表中的会话不会自动滚动到最后捕获的会话位置，如图 2.2 所示。

从图 2.2 中的状态栏中可以看到总共捕获到了 249 个 Session。从#列的标题中可以看到最上面的 ID 为数字 1，说明它是捕获到的第一个 Session。即使捕获的 Session 不断增加，系统也不会自动滚动到最后一个 Session 所在的位置。在捕获的 Session 比较多时，可以通过对该列进行排序，快速查找到最后一个 Session。用户也可以通过对该列进行搜索，定位想要的 Session。

1. 排序查看

我们可以对#列进行排序，来查找最后一个 Session。单击#列后，Session 的 ID 就会由大到小进行排列，即从 249 排到 1。排序后，第 249 个 Session 就是最后捕获的会话，如图 2.3 所示。

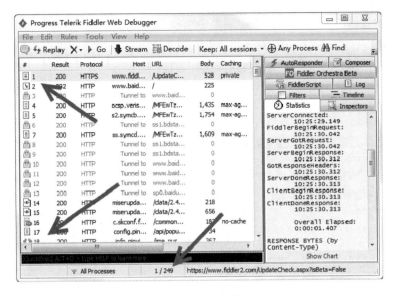

图 2.2 默认捕获的#列

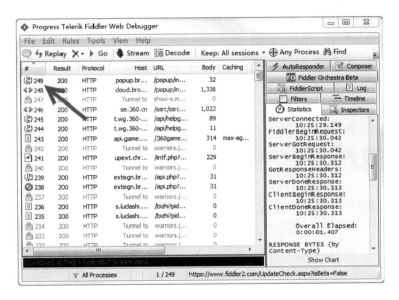

图 2.3 排序后的#列

2．搜索查看

在捕获到的 Session 中，我们也可以对该列生成的 ID 进行查找，快速定位到自己想要的 Session。下面介绍在图 2.2 捕获到的 249 个 Session 中，定位第 235 个 Session 的方法。

（1）右击#列标题，在弹出的快捷菜单中选择 Search this column...命令，弹出 Search #对话框，如图 2.4 所示。

（2）在对话框中输入 235，单击 OK 按钮，则自动选中编号为 235 的会话，如图 2.5 所示。

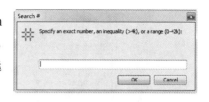

图 2.4　Search #对话框

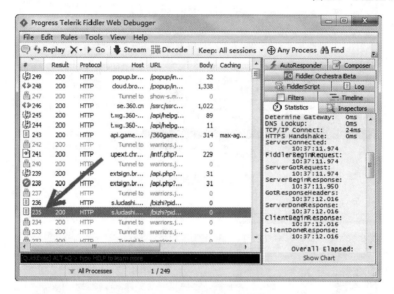

图 2.5　搜索指定 Session 的 ID

2.2.2　响应状态码

响应状态码是客户端和服务器之间交流信息的语言，Web 服务器通过它来告诉客户端发生了什么事。在 Fiddler 中，第二列显示为每个会话的响应状态码。用户可以根据响应状态码判断出客户端与服务器之间的各种情况。例如，客户端通过浏览器访问网站，有时候成功访问了，有时候却被拒绝了。Fiddler 捕获到的会话很多，对应的响应状态码也不尽相同，如图 2.6 所示。

HTTP 状态码（HTTP Status Code）用 3 位数字代码表示网页服务器 HTTP 的响应状态。所有状态码的第一个数字代表了响应的 5 种状态之一。它是最快、最有效获取网站信息的方法。常见的状态码有如下几个。

- 200：表示服务器成功返回网页。
- 404：请求的网页不存在。
- 503：服务器不可用。

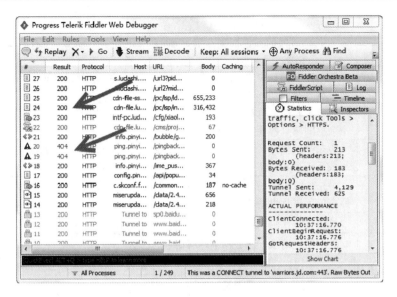

图 2.6 响应状态码

还有一些不常见的状态码,如表 2.1 所示。

表 2.1 HTTP状态码

状 态 码	含 义
1xx(临时响应)	表示临时响应并需要请求者继续执行操作的状态代码
100	表示继续。请求者应当继续提出请求。服务器返回此代码表示已收到请求的第一部分,正在等待其余部分
101	表示切换协议。请求者已要求服务器切换协议,服务器已确认并准备切换
2xx(成功)	表示成功处理了请求的状态代码
201	表示已创建。请求成功并且服务器创建了新的资源
202	表示已接受。服务器已接受请求,但尚未处理
203	表示非授权信息。服务器已成功处理了请求,但返回的信息可能来自另一来源
204	表示无内容。服务器成功处理了请求,但没有返回任何内容
205	表示重置内容。服务器成功处理了请求,但没有返回任何内容
206	表示部分内容。服务器成功处理了部分GET请求
3xx(重定向)	表示要完成请求,需要进一步操作。通常,这些状态码用来重定向
300	表示多种选择。针对请求,服务器可执行多种操作。服务器可根据请求者(user agent)选择一项操作,或提供操作列表供请求者选择
301	表示永久移动。请求的网页已永久移动到新位置。针对GET或HEAD请求,服务器返回此响应时,会自动将请求者转到新位置
302	表示临时移动。此时,服务器从新的位置响应请求,但请求者应继续使用原有位置进行以后的请求

（续）

状 态 码	含 义
303	表示查看其他位置。请求者应当对不同的位置使用单独的GET请求来检索响应时，服务器返回此状态码
304	表示未修改。自从上次请求后，请求的网页未修改过。服务器返回此响应时，不会返回网页内容
305	表示使用代理。请求者只能使用代理访问请求的网页。如果服务器返回此响应，还表示请求者应使用代理
307	表示临时重定向。服务器目前从新位置的网页响应请求，但请求者应继续使用原有位置进行以后的请求
4xx（请求错误）	这些状态代码表示请求可能出错，妨碍了服务器的处理
400	表示错误请求。服务器不理解请求的语法
401	表示未授权。请求进行身份验证。对于需要登录的网页，服务器可能返回此响应
403	表示禁止。服务器拒绝请求
405	表示方法禁用。服务器禁用请求中指定的方法
406	表示不接受。服务器无法使用请求的内容特性响应请求的网页
407	表示需要代理授权。此状态代码与401类似，但指定请求者应当授权使用代理
408	表示请求超时。服务器等候请求时发生超时
409	表示冲突。服务器在完成请求时发生冲突。服务器必须在响应中包含有关冲突的信息
410	表示已删除。如果请求的资源已永久删除，服务器就会返回此响应
411	表示需要有效长度。服务器不接受不含有效内容长度标头字段的请求
412	表示未满足前提条件。服务器未满足请求者在请求中设置的其中一个前提条件
413	表示请求实体过大。服务器无法处理请求，因为请求实体过大，超出服务器的处理能力
414	表示请求的URL过长。请求的URL（通常为网址）过长，服务器无法处理
415	表示不支持的媒体类型。请求的页面不支持请求的格式
416	表示请求范围不符合要求。如果页面无法提供请求的范围，则服务器会返回此状态代码
417	表示未满足期望值。服务器未满足"期望"请求标头字段的要求
5xx（服务器错误）	这些状态代码表示服务器在尝试处理请求时发生内部错误。这些错误是服务器本身的错误，而不是请求出错
500	表示服务器内部错误。服务器遇到错误，无法完成请求
501	表示尚未实施。服务器不具备完成请求的功能。例如，服务器无法识别请求方法时可能会返回此代码
502	表示错误网关。服务器作为网关或代理，从上游服务器收到无效响应
504	表示网关超时。服务器作为网关或代理，没有及时收到上游服务器的请求
505	表示HTTP版本不受支持。服务器不支持请求中所用的HTTP版本

1．搜索状态码查找Session

通过搜索响应状态码，快速找到相应的 Session。例如，404 是一个常见的状态码，代表请求的网页不存在。通过搜索该状态码，可以快速找到请求失败的会话。操作方法如下：

（1）右击 Result 列标题，在弹出的菜单中选择 Search this column...命令，弹出 Search Result 对话框，如图 2.7 所示。

（2）在文本框中输入 404，单击 OK 按钮，Fiddler 会自动标识出所有状态码为 404 的会话，如图 2.8 所示。

图 2.7　Search Result 对话框

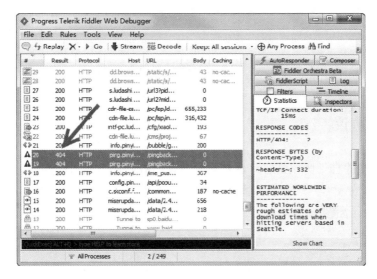

图 2.8　搜索状态码为 404 的会话

2．隐藏状态码304的Session

状态码 304 是指自从上次请求后，请求的网页未修改过。服务器返回此响应时，不会返回网页内容。正是由于不会返回网页内容，所以状态码 304 的会话可以不用分析。这时，可以把状态码 304 的会话隐藏，减少会话量，以便于更好地分析其他会话。下面是隐藏的方法。

在菜单栏中，依次选择 Rules|Hide 304s 命令。在浏览器中，继续浏览访问过的网页。这时，捕获到的会话就包含状态码为 304 的会话了，如图 2.9 所示。

用户也可以通过搜索状态码功能，验证捕获到的会话是否包含状态码 304 的会话。状态码 304 的会话被隐藏后，搜索结果没有任何反应。

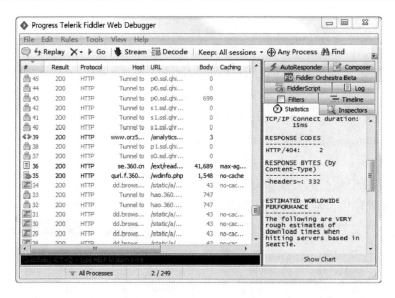

图 2.9　隐藏状态码 304

2.2.3　会话协议

Fiddler 捕获的会话协议是客户端和服务器之间数据传输的沟通方式。在 Fiddler 中，第三列 Protocol 表示客户端和服务器之间使用的网络协议。在访问网站时，默认捕获会话的协议为 HTTP，如图 2.10 所示。

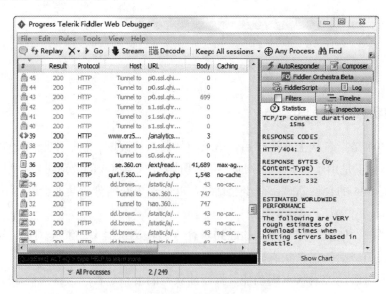

图 2.10　默认捕获会话的协议

图 2.10 中会话的协议只有 HTTP，默认不会捕获其他协议的会话。如果想要捕获 FTP 协议的会话，需要手动配置 Fiddler，方法如下：

（1）在菜单栏中，依次选择 Tools|Fiddler Options...命令，弹出 Options 对话框，如图 2.11 所示。

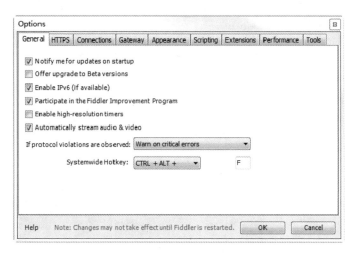

图 2.11　Options 对话框

（2）单击 Connections 标签，切换到 Connections 选项卡，如图 2.12 所示。

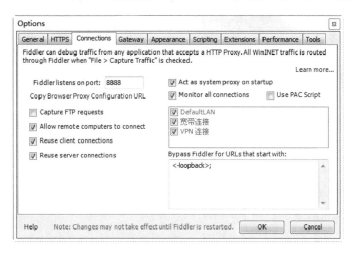

图 2.12　Connections 选项卡

（3）在打开的 Connections 选项卡中，勾选 Capture FTP requests 复选框，如图 2.13 所示。

（4）单击 OK 按钮。访问 FTP 服务器，查看捕获的会话协议，如图 2.14 所示。

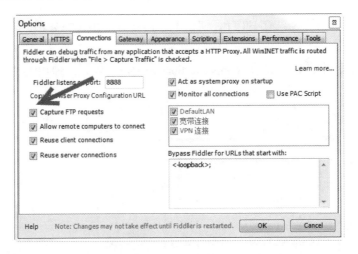

图 2.13　配置 Connections 选项卡

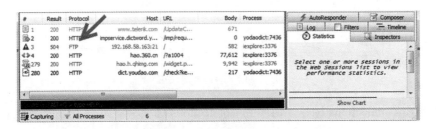

图 2.14　查看捕获的 FTP 会话

2.2.4　服务器主机

Fiddler 捕获到的每一个会话都有对应的主机名。每个主机名都代表客户端请求的一个服务器。用户访问网站时，往往会请求多个服务器，这时主机名就会不同，如图 2.15 所示。

Fiddler 捕获到会话的主机名比较多，用户可以通过搜索功能找到相应的会话。也可以拖曳列标题查看完整的主机名。下面介绍两种方法。

1．搜索查看主机名的相关会话

当捕获到的 Session 较多时，很难快速找到客户端请求服务器的主机名。用户可以通过搜索主机名的方式，快速检索到客户端请求特定服务器的所有会话。下面快速找到主机包含 qq.com 的所有 Session：

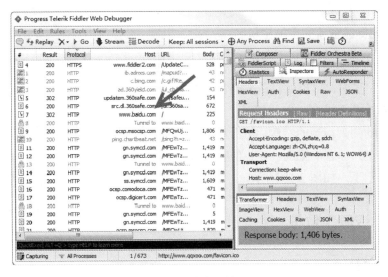

图 2.15　捕获会话的 Host

（1）右击 Host 列标题，在弹出的快捷菜单中选择 Search this column...命令，弹出 Search Host 对话框，如图 2.16 所示。

（2）在文本框中输入 qq.com，单击 OK 按钮，弹出的窗口如图 2.17 所示。

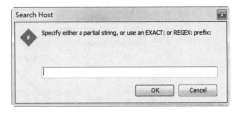

图 2.16　Search Host 对话框

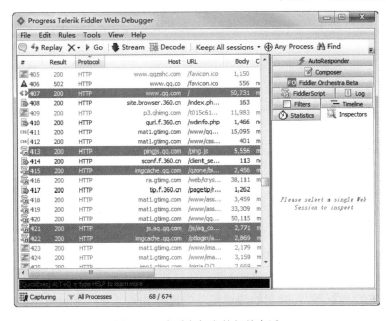

图 2.17　查看主机名的相关会话

2．拖曳列标题查看完整的主机名

在捕获到的会话中，有的主机名比较长，无法完整显示。这时，可以通过改变列标题的宽度，查看完整的主机名，方法如下：

把光标移动到列标题的右侧，然后拖动标题分割线，改变列标题的宽度，较长的主机名就可以完整显示了，如图 2.18 所示。

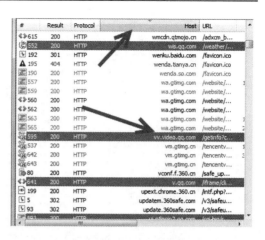

图 2.18　完整显示较长的主机名

2.2.5　统一资源定位符

URL（Uniform Resource Locator，统一资源定位符）是对互联网上资源的位置和访问方法的一种简洁的表示，也被称为互联网上标准资源的地址。在 Fiddler 中，第 5 列 URL 就是互联网上的资源地址。每个会话都有一个 URL，如图 2.19 所示。

#	Result	Protocol	Host	URL	Body	Caching
📄 43	200	HTTP	ocsp.comodoca....	/MFEwTzBNMEswSTAJBgUrDgMCGgUABBReAh...	727	max-age=47
◀▶ 616	200	HTTP	mmae.qtmojo.com	/x?_t=8&_m=404_1235_279-80&_k=allyes_s...	1,221	no-store, no...
◀▶ 630	200	HTTP	mmae.qtmojo.com	/x?_t=15&_imd=Hb3Ad11fS0BTev50hkF&_by...	43	no-store, no...
⊕ 673	200	HTTP	miserupdate.aliyun....	/data/2.4.1.6/brfversion.xml	218	
⊕ 674	200	HTTP	miserupdate.aliyun...	/data/2.4.1.6/version.xml	656	
🔽 484	302	HTTP	mat1.qq.com	/www/images/ind36.gif	42	
🔽 489	302	HTTP	mat1.qq.com	/www/images/allskin/wmlogo.gif	51	
css 411	200	HTTP	mat1.gtimg.com	/www/qq_index/css/qq_363ea330.css	15,095	max-age=60
css 412	200	HTTP	mat1.gtimg.com	/www/css/qq2012/hot_word_sogou.css	401	max-age=60
js 418	200	HTTP	mat1.gtimg.com	/www/asset/seajs/sea.js	3,459	max-age=60
js 419	200	HTTP	mat1.gtimg.com	/www/asset/lib/jquery/jquery-1.11.1...	33,309	max-age=60
js 420	200	HTTP	mat1.gtimg.com	/qq_index/js/qq_363ea330.js	50,115	max-age=60
🖼 423	200	HTTP	mat1.gtimg.com	/www/images/qq2012/sogouSearchLogo2014...	2,179	max-age=60
🖼 424	200	HTTP	mat1.gtimg.com	/www/images/qq2012/guanjia2.png	3,159	max-age=60
🖼 431	200	HTTP	mat1.gtimg.com	/ent/00/liyzha32o21.jpg	32,856	max-age=60
📄 469	200	HTTP	mat1.gtimg.com	/fashion/vjjzhang/32801	18,496	max-age=60
📄 473	200	HTTP	mat1.gtimg.com	/fashion/vjjzhang/32802	17,566	max-age=60
📄 477	200	HTTP	mat1.gtimg.com	/ent/000/00001111/liijjiijhgig	15,561	max-age=60
🖼 481	200	HTTP	mat1.gtimg.com	/www/images/qq2012/icon_yuewangga1.png	1,667	max-age=60
🖼 485	200	HTTP	mat1.gtimg.com	/www/images/qq2012/buliang.png	1,709	max-age=60
🖼 492	200	HTTP	mat1.gtimg.com	/www/images/qq2012/cxzt5.png	4,685	max-age=60

图 2.19　捕获会话的 URL

1．搜索、查看URL的相关会话

在捕获到的 Session 中，用户可以对该列的 URL 字符串进行查找，以便快速定位到对应的所有会话。例如，查找 URL 包含 baidu.com 的所有 Session，方法如下：

（1）右击 URL 列标题，在弹出的快捷菜单中选择 Search this column...命令，弹出 Search URL 对话框，如图 2.20 所示。

（2）在文本框中输入 baidu.com，单击 OK 按钮。包含 baidu.com 的会话都会被标注，如图 2.21 所示。

2．复制 URL 进行查看

当捕获到的会话 URL 比较长时，无法通过拖曳列标题的方法查看完整的 URL。这时，可以通过 Copy 的方法把 URL 复制出来，然后粘贴到其他地方查看。

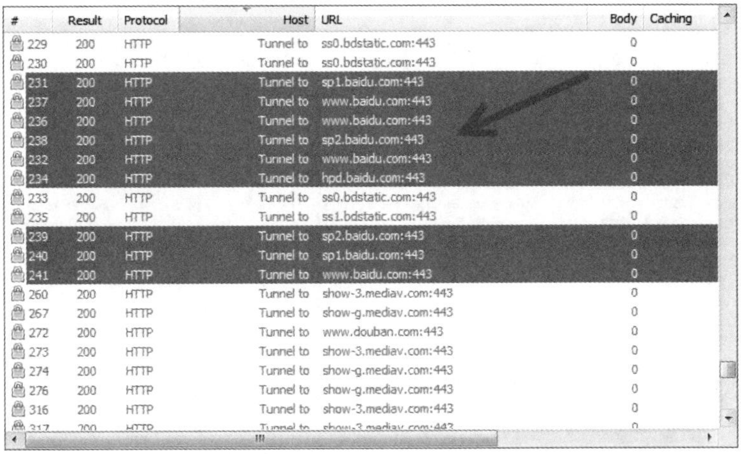

图 2.20　Search URL 对话框

#	Result	Protocol	Host	URL	Body	Caching
229	200	HTTP	Tunnel to	ss0.bdstatic.com:443	0	
230	200	HTTP	Tunnel to	ss0.bdstatic.com:443	0	
231	200	HTTP	Tunnel to	sp1.baidu.com:443	0	
237	200	HTTP	Tunnel to	www.baidu.com:443	0	
236	200	HTTP	Tunnel to	www.baidu.com:443	0	
238	200	HTTP	Tunnel to	sp2.baidu.com:443	0	
232	200	HTTP	Tunnel to	www.baidu.com:443	0	
234	200	HTTP	Tunnel to	hpd.baidu.com:443	0	
233	200	HTTP	Tunnel to	ss0.bdstatic.com:443	0	
235	200	HTTP	Tunnel to	ss1.bdstatic.com:443	0	
239	200	HTTP	Tunnel to	sp2.baidu.com:443	0	
240	200	HTTP	Tunnel to	sp1.baidu.com:443	0	
241	200	HTTP	Tunnel to	www.baidu.com:443	0	
260	200	HTTP	Tunnel to	show-3.mediav.com:443	0	
267	200	HTTP	Tunnel to	show-g.mediav.com:443	0	
272	200	HTTP	Tunnel to	www.douban.com:443	0	
273	200	HTTP	Tunnel to	show-3.mediav.com:443	0	
274	200	HTTP	Tunnel to	show-g.mediav.com:443	0	
276	200	HTTP	Tunnel to	show-g.mediav.com:443	0	
316	200	HTTP	Tunnel to	show-3.mediav.com:443	0	
317	200	HTTP	Tunnel to	show-3.mediav.com:443	0	

图 2.21　查看 URL 的相关会话

选中要复制的 URL 会话，右击该会话，依次选择 Copy|Just Url 命令，将 URL 复制到剪贴板中，然后粘贴到其他编辑器中，就可以看到完整的 URL 了。这里将会话的 URL 粘贴到记事本中，如图 2.22 所示。

图 2.22　在文本文档中查看 URL

从图 2.22 中可以看到复制出来的会话 URL。该 URL 由 3 部分组成。

- 第一部分是协议（或服务方式），如 http://。
- 第二部分是该资源的主机 IP 地址或主机名（有时也包括端口号），如 mat1.gtimg.com/。

- 第三部分是主机资源的具体地址，如目录和文件名等，如 www/css/qq2012/hot_word_sogou.css。

提示：第一部分和第二部分之间用：//符号分隔，第二部分和第三部分用/符号分隔。第一部分和第二部分是不可缺少的，第三部分有时可以省略。

2.2.6 注释会话

注释会话是对会话进行注释标记，以方便查找。默认情况下，Fiddler 捕获的会话没有任何注释信息，如图 2.23 所示。

#	Result	Protocol	Host	URL	Comments	Content-Type	Caching
197	302	HTTP	www.so.com	/favicon.ico		text/html	
399	200	HTTP	www.qunar.com	/favicon.ico		image/x-icon	
405	200	HTTP	www.qqzshc.com	/favicon.ico		image/x-icon	
403	404	HTTP	www.qqyewu.com	/favicon.ico		text/html	
404	200	HTTP	www.qqxoo.com	/favicon.ico		image/x-icon	
402	502	HTTP	www.qqmcc.com	/favicon.ico		text/html; charset...	no-cac...
407	200	HTTP	www.qq.com	/		text/html; charset...	max-a...
550	200	HTTP	www.qq.com	/ninja/liveTaiyuan...		text/html; charset...	max-a...
551	200	HTTP	www.qq.com	/ninja/houseQua...		text/html; charset...	max-a...
553	200	HTTP	www.qq.com	/c/lowprice.js?call...		application/javasc...	max-a...
406	502	HTTP	www.qq.co	/favicon.ico		text/html; charset...	no-cac...
398	200	HTTP	www.qingdaonews...	/favicon.ico			max-a...
397	301	HTTP	www.qidian.com	/favicon.ico		text/html	
400	200	HTTP	www.qianlong.com	/favicon.ico		image/x-icon	max-a...
202	404	HTTP	www.pcgame567.com	/favicon.ico		text/html	
56	200	HTTP	www.orz520.com	/analytics.html?f...		text/html	
269	200	HTTP	www.luyouqiwang.com	/favicon.ico		image/x-icon	
4	200	HTTPS	www.fiddler2.com	/UpdateCheck.as...		text/plain; charse...	private
268	301	HTTP	www.douban.com	/favicon.ico		text/html	

图 2.23 默认的会话注释

选中会话后，用户可以通过单击工具栏中的 ● 按钮，在弹出的对话框中输入注释信息。这样就可以对会话添加注释标记了。当注释会话比较多时，也不容易直接找到。这时，可以通过搜索功能查找注释的会话。

1．搜索注释会话

当捕获到的会话注释很多时，用户也可以对该列进行查找。下面搜索注释信息包含"百度"的会话。下面是操作方法。

（1）右击 Comments 列标题，在弹出的快捷菜单中选择 Search this column...命令，弹出 Search Comments 对话框，如图 2.24 所示。

（2）在文本框中输入"百度"，单击 OK 按

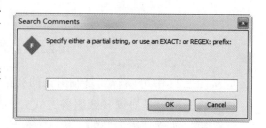

图 2.24 Search Comments 对话框

钮，结果如图 2.25 所示。

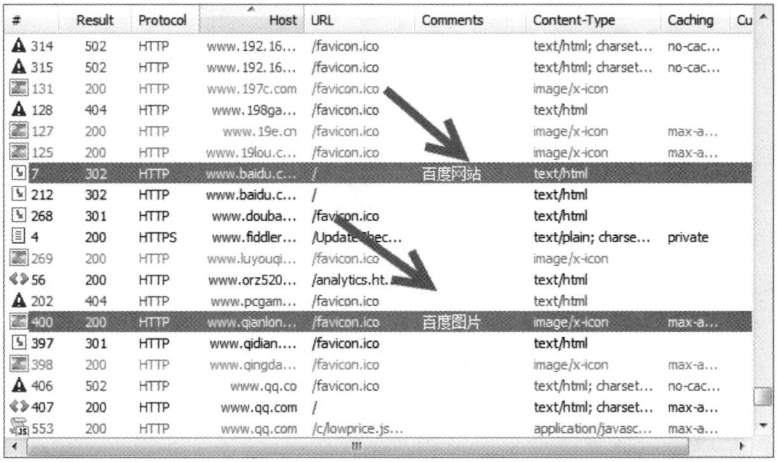

图 2.25　查看会话注释

2. 拖曳列标题查看完整的会话注释信息

有的会话的注释信息比较多，需要改变列标题的宽度才可以看到完整的主机名。

把光标移动到列标题的右侧，然后拖曳列标题分隔符，改变列标题的宽度，就可以看到较长的注释信息了，如图 2.26 所示。

图 2.26　查看较长的会话注释

2.2.7　会话进程

进程是系统进行资源分配和调度的基本单位，是操作系统结构的基础。Fiddler 的

Process 列记录了数据流对应的本地 Windows 进程。通过查看该列，用户可以知道会话对应的进程。本书分别使用 IE 浏览器、360 浏览器和火狐浏览器登录优酷网站，捕获的会话进程如图 2.27 所示。

#	Result	Protocol	Host	URL	Body	Process
1	200	HTTPS	www.telerik.com	/UpdateC...	671	
2	200	HTTP	asearch.alicdn.com	/bao/uplo...	21,596	firefox:5840
3	200	HTTP	asearch.alicdn.com	/bao/uplo...	20,791	firefox:5840
4	200	HTTP	impservice.dictword.y...	/mp/requ...	2,741	yodadict:7436
5	200	HTTP	asearch.alicdn.com	/bao/uplo...	54,917	firefox:5840
6	200	HTTP	i.firefoxchina.cn	/img/trace...	63	firefox:5840
7	302	HTTP	cps.youku.com	/redirect.h...	5	firefox:5840
8			Tunnel to	iecvlist.mic...	0	iexplore:6884
9	304	HTTP	hm.baidu.com	/hm.js?dd...	0	firefox:5840
10	200	HTTP	www.youku.com	/	90,209	firefox:5840
107	200	HTTP	static.youku.com	/v1.0.109...	7,091	360se:6332
319	200	HTTP	www.youku.com	/index/get...	63	360se:6332
467	200	HTTP	qurl.f.360.cn	/wdinfo.php	862	360tray:4404
468	200	HTTP	www.youku.com	/	90,215	iexplore:9000
469	200	HTTP	qurl.f.360.cn	/wdinfo.php	862	360tray:4404
689	200	HTTP	irs01.net	/MTFlashS...	1,866	iexplore:9000
690	200	HTTP	module.youku.com	/214855.h...	1,108	iexplore:9000
691	200	HTTP	www.youku.com	/index/per...	64	iexplore:9000
692	200	HTTP	ykrec.youku.com	/personal/...	17,159	iexplore:9000
693	200	HTTP	lv.youku.com	/api/grade...	153	iexplore:9000
694	200	HTTP	p.l.youku.com	/web_cms...	0	iexplore:9000
857	200	HTTP	static.youku.com	/v1.0.109...	6,830	iexplore:9000
858	200	HTTP	www.youku.com	/QCms/~a...	309	iexplore:9000
913	200	HTTP	oimagea6.ydstatic.com	/image?id...	22,305	yodadict:7436
914	200	HTTP	impservice.dictword.y...	/mp/requ...	0	yodadict:7436

图 2.27　查看会话的进程

其中，第 10 个、第 319 个和第 468 个会话访问的都是优酷网站。从 Process 列可以看到，会话对应的进程是不同的，代表分别用不同的浏览器来访问优酷网站。

用户还可以根据进程类型过滤会话。在状态栏中，单击第二个选项，弹出过滤选项，如图 2.28 所示。

图 2.28　设置进程过滤

Fiddler 提供了 4 种过滤方式，每种方式的说明如下：

- All Processes：捕获所有进程的会话。
- Web Browsers：只捕获 Web 浏览器产生的会话。
- Non-Browser：捕获非浏览器产生的会话。
- Hide All：不捕获会话。

例如，选择 Non-Browser 选项，Fiddler 将捕获非浏览器产生的会话，而不会捕获浏览器产生的会话。这时使用浏览器访问优酷网站，不会增加新的会话；但是，如果使用优酷 App，则会增加新的会话，如图 2.29 所示。

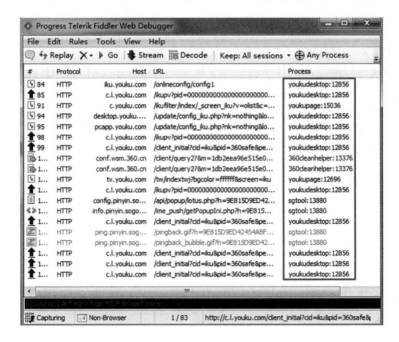

图 2.29 只捕获非浏览器产生的会话

2.2.8 隐藏摘要信息

对于 Session 的一些摘要信息，用户可以对其进行隐藏。这里以隐藏 URL 列标题为例。

右击 URL 列标题，在弹出的快捷菜单中，选择 Hide this column 命令，结果如图 2.30 所示。

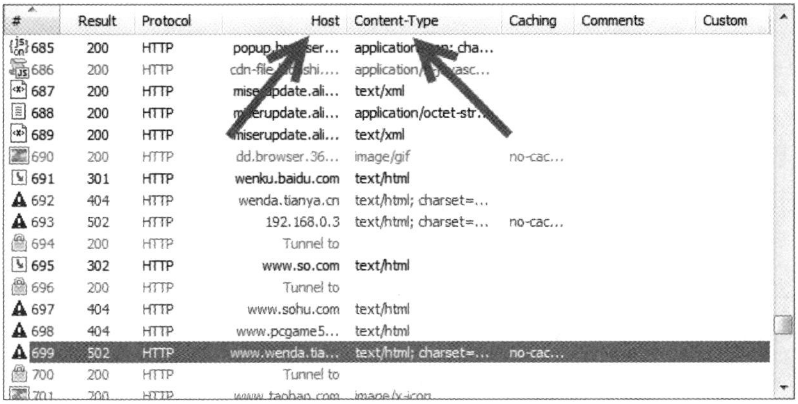

图 2.30 隐藏列

在图 2.30 中，Web Session 列表不再显示 URL 列标题了，说明 URL 列已被成功隐藏。如果想恢复被隐藏的列标题，方法如下：

右击未隐藏的列标题，在弹出的快捷菜单中选择 Ensure all columns are visible 命令，就可以把隐藏的列标题显示出来了，结果如图 2.31 所示。

图 2.31　恢复隐藏列

2.3　Session 统计信息

Session 的统计信息是对 Fiddler 捕获的会话进行总结统计，用来显示当前会话的基本信息。用户可以对一个会话进行统计，也可以对多个会话进行统计。下面介绍如何对会话进行统计和分析。

2.3.1　单一会话统计信息

用户可以通过 Fiddler 中的 Statistics 选项卡，查看选中的 Session 统计信息，了解其基本信息。选中一个会话，单击右侧的 Statistics 选项卡，查看单个会话的统计信息，如图 2.32所示。

从图 2.32 中可以看到选中的 Session 的统计信息内容。主要信息说明如下：

- Request Count：选中的 Session 数目。
- Bytes Sent：HTTP 请求向外发送的字节数。
- Bytes Received：HTTP 请求接收到的所有字节数。
- DNS Lookup：所有选中的 Session 解析 DNS 所花费的时间总和。

- TCP/IP Connect：所有选中的 Session 建立 TCP/IP 连接所花费的时间总和。
- HTTPS Handshake：所有选中的 Session 在 HTTPS 握手上所花费的时间总和。
- RESPONSE BYTES (by Content-Type)：选中的 Session 中各个 Content-Type 的字节数。

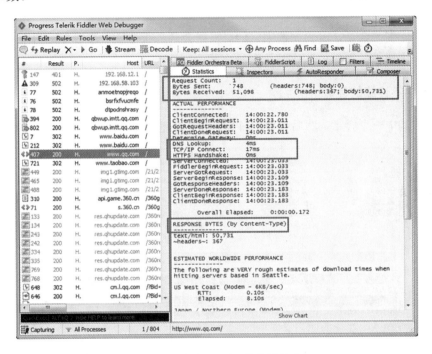

图 2.32 单个 Session 的统计信息

在 Statistics 选项卡的下方是个饼图，默认情况下不显示。单击 Show Chart 按钮后，就会显示选中的 Session 的饼图。该饼图显示为会话内容构成和占比，如图 2.33 所示。

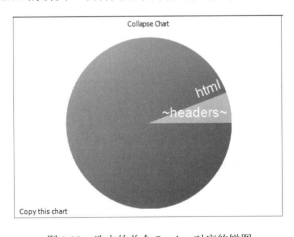

图 2.33 选中的单个 Session 对应的饼图

从饼图中可以看到，选中的 Session 的 MIME 类型为 HTML。单击饼图上面的 Collapse Chart 链接，可以再次隐藏该饼图。

2.3.2　多个会话统计信息

要想统计多个会话，需要先选中它们。根据会话是否连续，选中会话的方式分为连续选中和不连续选中。下面依次讲解这两种方式。

1．选中不连续的会话

先选中其中一个会话，然后按住 Ctrl 键，再单击想要选中的 Session，如图 2.34 所示。

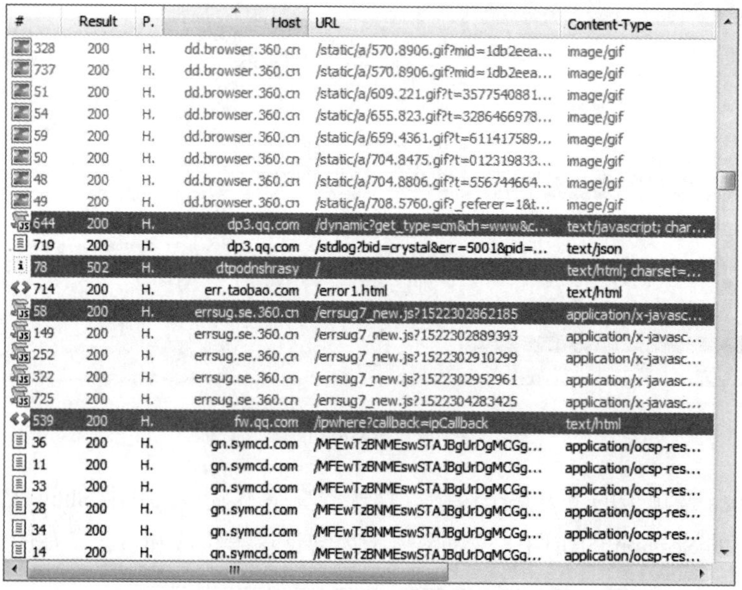

图 2.34　选中不连续的会话

2．选中连续的会话

要选中连续的会话，先选中第一个会话，然后按住 Shift 键，再选中连续会话中的最后一个会话，如图 2.35 所示。

3．同时选中连续与不连续的会话

如果要选择的会话包含以上两种情况，就需要先选中连续的会话，然后选中不连续的会话，如图 2.36 所示。

#	Result	P.	Host	URL	Content-Type
264	200	H.	dd.browser.360.cn	/static/a/570.8906.gif?mid=1db2eea...	image/gif
328	200	H.	dd.browser.360.cn	/static/a/570.8906.gif?mid=1db2eea...	image/gif
737	200	H.	dd.browser.360.cn	/static/a/570.8906.gif?mid=1db2eea...	image/gif
51	200	H.	dd.browser.360.cn	/static/a/609.221.gif?t=3577540881...	image/gif
54	200	H.	dd.browser.360.cn	/static/a/655.823.gif?t=3286466978...	image/gif
59	200	H.	dd.browser.360.cn	/static/a/659.4361.gif?t=611417589...	image/gif
50	200	H.	dd.browser.360.cn	/static/a/704.8475.gif?t=012319833...	image/gif
48	200	H.	dd.browser.360.cn	/static/a/704.8806.gif?t=556744664...	image/gif
49	200	H.	dd.browser.360.cn	/static/a/708.5760.gif?_referer=1&t...	image/gif
644	200	H.	dp3.qq.com	/dynamic?get_type=cm&ch=www&c...	text/javascript; char...
719	200	H.	dp3.qq.com	/stdlog?bid=crystal&err=5001&pid=...	text/json
78	502	H.	dtpodnshrasy	/	text/html; charset=...
714	200	H.	err.taobao.com	/error1.html	text/html
58	200	H.	errsug.se.360.cn	/errsug7_new.js?1522302862185	application/x-javasc...
149	200	H.	errsug.se.360.cn	/errsug7_new.js?1522302889393	application/x-javasc...
252	200	H.	errsug.se.360.cn	/errsug7_new.js?1522302910299	application/x-javasc...
322	200	H.	errsug.se.360.cn	/errsug7_new.js?1522302952961	application/x-javasc...
725	200	H.	errsug.se.360.cn	/errsug7_new.js?1522304283425	application/x-javasc...
539	200	H.	fw.qq.com	/ipwhere?callback=ipCallback	text/html
36	200	H.	gn.symcd.com	/MFEwTzBNMEswSTAJBgUrDgMCGq...	application/ocsp-res...
11	200	H.	gn.symcd.com	/MFEwTzBNMEswSTAJBgUrDgMCGq...	application/ocsp-res...
33	200	H.	gn.symcd.com	/MFEwTzBNMEswSTAJBgUrDgMCGq...	application/ocsp-res...
28	200	H.	gn.symcd.com	/MFEwTzBNMEswSTAJBgUrDgMCGq...	application/ocsp-res...
34	200	H.	gn.symcd.com	/MFEwTzBNMEswSTAJBgUrDgMCGq...	application/ocsp-res...

图 2.35　选中连续会话

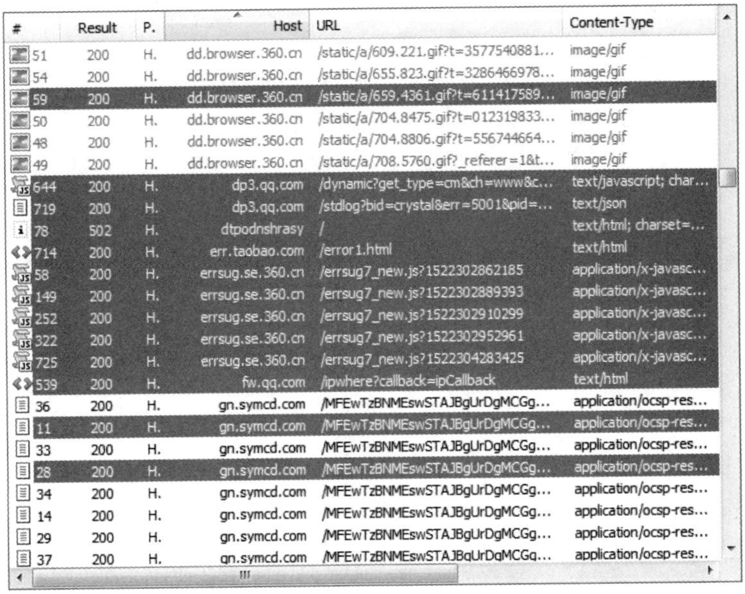

#	Result	P.	Host	URL	Content-Type
51	200	H.	dd.browser.360.cn	/static/a/609.221.gif?t=3577540881...	image/gif
54	200	H.	dd.browser.360.cn	/static/a/655.823.gif?t=3286466978...	image/gif
59	200	H.	dd.browser.360.cn	/static/a/659.4361.gif?t=611417589...	image/gif
50	200	H.	dd.browser.360.cn	/static/a/704.8475.gif?t=012319833...	image/gif
48	200	H.	dd.browser.360.cn	/static/a/704.8806.gif?t=556744664...	image/gif
49	200	H.	dd.browser.360.cn	/static/a/708.5760.gif?_referer=1&t...	image/gif
644	200	H.	dp3.qq.com	/dynamic?get_type=cm&ch=www&c...	text/javascript; char...
719	200	H.	dp3.qq.com	/stdlog?bid=crystal&err=5001&pid=...	text/json
78	502	H.	dtpodnshrasy	/	text/html; charset=...
714	200	H.	err.taobao.com	/error1.html	text/html
58	200	H.	errsug.se.360.cn	/errsug7_new.js?1522302862185	application/x-javasc...
149	200	H.	errsug.se.360.cn	/errsug7_new.js?1522302889393	application/x-javasc...
252	200	H.	errsug.se.360.cn	/errsug7_new.js?1522302910299	application/x-javasc...
322	200	H.	errsug.se.360.cn	/errsug7_new.js?1522302952961	application/x-javasc...
725	200	H.	errsug.se.360.cn	/errsug7_new.js?1522304283425	application/x-javasc...
539	200	H.	fw.qq.com	/ipwhere?callback=ipCallback	text/html
36	200	H.	gn.symcd.com	/MFEwTzBNMEswSTAJBgUrDgMCGq...	application/ocsp-res...
11	200	H.	gn.symcd.com	/MFEwTzBNMEswSTAJBgUrDgMCGq...	application/ocsp-res...
33	200	H.	gn.symcd.com	/MFEwTzBNMEswSTAJBgUrDgMCGq...	application/ocsp-res...
28	200	H.	gn.symcd.com	/MFEwTzBNMEswSTAJBgUrDgMCGq...	application/ocsp-res...
34	200	H.	gn.symcd.com	/MFEwTzBNMEswSTAJBgUrDgMCGq...	application/ocsp-res...
14	200	H.	gn.symcd.com	/MFEwTzBNMEswSTAJBgUrDgMCGq...	application/ocsp-res...
29	200	H.	gn.symcd.com	/MFEwTzBNMEswSTAJBgUrDgMCGq...	application/ocsp-res...
37	200	H.	gn.symcd.com	/MFEwTzBNMEswSTAJBgUrDgMCGq...	application/ocsp-res...

图 2.36　选中连续与不连续的会话

4．多个Session的统计

选中多个会话，单击右侧的 Statistics 选项卡，查看多个 Session 的统计信息，如图 2.37
所示。

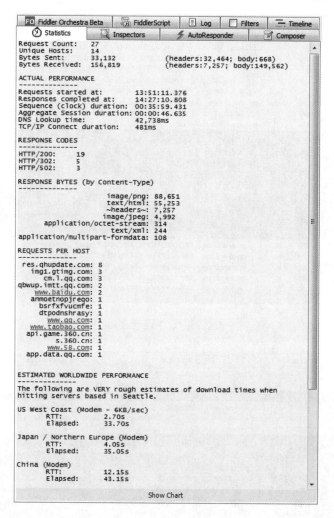

图 2.37　多个 Session 的统计信息

多个 Session 的统计信息与单个 Session 的统计信息内容有些不同。主要内容说明如下：

- Unique Hosts：流量流向的独立目标主机数。
- Requests started at：接收到第一个请求的第一个字节的时间点。
- Responses completed at：发送到客户端的最后一个响应的最后一个字节的时间点。
- Aggregate session duration：所有选中的 Session 从请求到响应花费的时间总和。
- RESPONSE CODES：选中 Session 中各个 HTTP 响应码的计数。
- REQUESTS PER HOST：每个主机的请求数。

多个会话的统计信息的饼图，如图 2.38 所示。

从饼图中可以看到，这一次选中的多个 Session 使用的 MIME 类型有 HTML、JPEG、PNG。同样，单击饼图上面的 Collapse Chart 链接，可以再次隐藏该饼图。

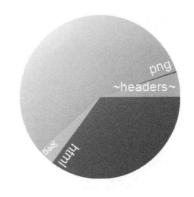

Copy this chart

图 2.38   选中多个 Session 对应的饼图

2.4   整理 Session 信息

在使用 Fiddler 捕获网站信息时往往会捕获到海量的 Session 信息。为了方便查找和分析，需要对 Session 信息进行简单整理，如标记重要的会话、删除没用的会话、提取特定会话信息。本节将讲解如何整理 Session 信息。

2.4.1   标记 Session

简单分析 Fiddler 捕获的 Session 后，可以将重要或无用的 Session 进行标记。如果标记错误，也可以取消标记。下面讲解标记 Session 的方法。

1．标记Session

Fiddler 允许用户通过颜色和删除线对 Session 进行标记，具体的操作方法如下：

（1）选中要标记的 Session。在菜单栏中，依次选择 Edit|Mark 命令，子菜单中会显示所有标记方法，如图 2.39 所示。

Mark 的子菜单中显示了用于标记 Session 的可选颜色和删除线命令，具体说明如下：

- Strikeout：使用删除线标记。
- Red：将字体改为红色。
- Blue：将字体改为蓝色。
- Gold：将字体改为金色。
- Green：将字体改为绿色。
- Orange：将字体改为橙色。

- Purple：将字体改为紫色。

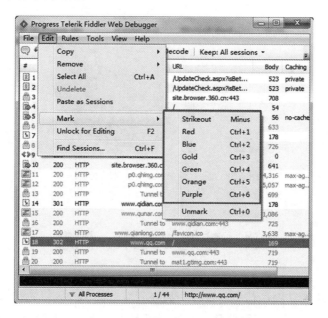

图 2.39　选择要标记的 Session

（2）对 Session 进行标记，选择标记使用的颜色或删除线。标记后的效果如图 2.40 所示。

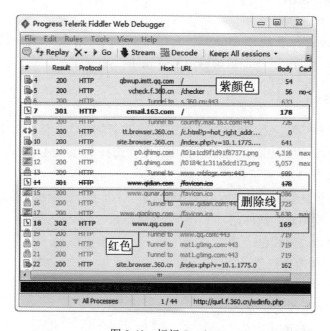

图 2.40　标记 Session

（3）选中 Session 后，也可以右击该 Session，在弹出的快捷菜单中选择 Mark 命令进行标记，如图 2.41 所示。

2．取消标记

对于标记错误的 Session 也可以取消标记。先选中要取消标记的 Session，然后在菜单栏中依次选择 Edit|Mark|Unmark 命令即可。

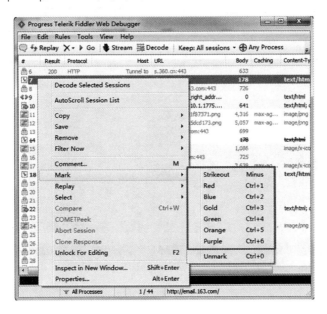

图 2.41　标记方法

2.4.2　删除 Session

对于无用的 Session 信息，用户可以直接删除，避免影响后期的分析。删除 Session 的方法如下：

（1）选中要删除的 Session，在菜单栏中依次选择 Edit| Remove 命令，子菜单中会显示删除的方法，如图 2.42 所示。

图 2.42 中的 Session 列表中一共有 44 个 Session，选中了第 31～44 个 Sesssion，共 14 个会话。Remove 的子菜单中显示了用于删除的方法，具体说明如下：

- Selected Sessions：删除选择的会话。
- Unselected Sessions：删除未被选择的会话。
- All Sessions：删除所有会话。

（2）这里删除选中的会话。选择 Selected Sessions 命令删除会话，效果如图 2.43 所示。此时，Session 列表中只剩下 30 个会话了。

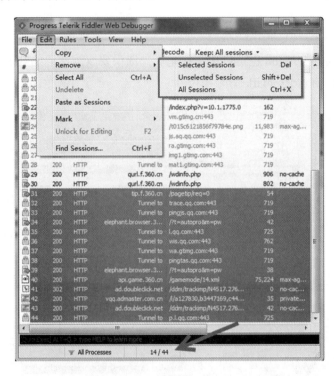

图 2.42　选择要删除的 Session

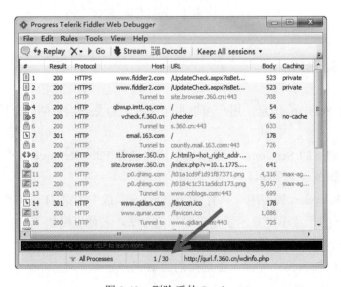

图 2.43　删除后的 Session

（3）选择 Session 后，也可以通过右键菜单中的 Remove 命令进行删除，如图 2.44 所示。

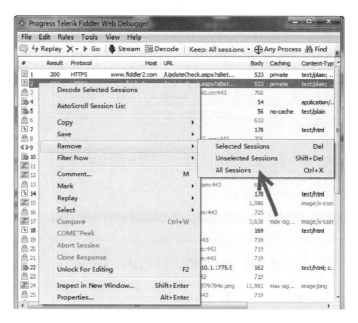

图 2.44　其他删除方法

2.4.3　提取信息

为了进一步分析会话信息，可以对会话信息进行提取。下面依次讲解如何提取会话中的各种信息。

1．提取Session信息

每个 Session 都保存了客户端和服务器的完整的数据请求和响应。因此，一个 Session 包含请求信息（如请求行、请求头和请求体）和响应信息（如响应行、响应头和响应体）。选择 Session 后，依次选择 Edit|Copy|Session 命令，即可提取 Session 信息。

2．仅提取Session头信息

Session 头信息包括请求（请求行、请求头）和响应（响应行、响应头）的头信息。选中对应的 Session，在菜单栏中依次选择 Edit|Copy|Headers only 命令，即可提取头信息。

3．提取Session摘要信息

Session 摘要信息包含 Session 列表中显示的基本信息，如 Result 和 Protocol 等。提取时，用户可以提取全部信息，也可以提取简略的信息。

【实例 2-1】提取全部摘要信息

（1）选择要提取摘要信息的 Session，如图 2.45 所示。图中选择的是第 5 个会话，该会话所在列表显示的每个列标题对应的信息就是全部的摘要信息。

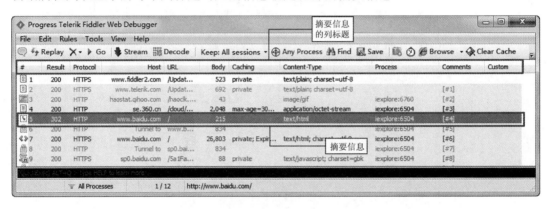

图 2.45　选择要提取摘要信息的 Session

（2）在菜单栏中，依次选择 Edit|Copy|Full Summary 命令，进行信息提取。提取后的信息如下：

```
#   Result  Protocol    Host                URL Body        Caching
    Content-Type    Process     Comments    Custom
5   302     HTTP    www.baidu.com   /   215             text/html
    iexplore:6504       [#4]
```

【实例 2-2】演示提取简略的摘要信息的方法。在菜单栏中依次选择 Edit|Copy|Terse Summary 命令，成功提取的全部摘要信息如下：

```
GET http://www.baidu.com/
302 Redirect to https://www.baidu.com/
```

输出信息为简略的摘要信息，显示 Session 的请求方式为 GET，请求的网址为 http://www.baidu.com/，响应状态码为 302，并给出了对应的重定向网址。

4．提取指定列信息

在提取摘要信息时，有时候不需要全部提取，只需提取指定列的摘要信息。这时，可以右击对应的列，然后使用右键菜单命令进行选择，如图 2.46 所示。这里选择的是第 5 个 Session，当前列为 Host 列，对应的值为 www.baidu.com。

提取 Host 列信息，依次选择 Copy|This Columu 命令，提取的信息如下：

```
www.baidu.com
```

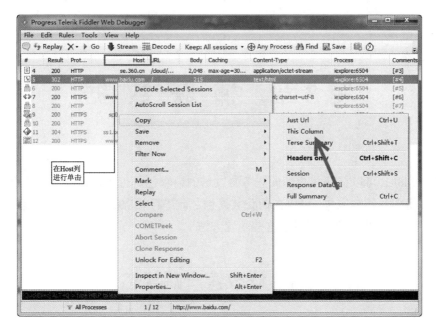

图 2.46　选择 Session

5. 提取DataURI信息

Data URI（Uniform Resource Identifier，统一资源标识符）定义了接受内容的协议及附带的相关内容。Fiddler 允许用户提取该信息。右击目标 Session，在弹出的快捷菜单中依次选择 Copy|Response DataURI 命令即可。提取到的信息如下：

```
data:text/html;base64,PGh0bWw+DQo8aGVhZD48dGl0bGU+MzAyIEZvdW5kPC90aXRsZ
T48L2hlYWQ+DQo8Ym9keSBiZ2NvbG9yPSJ3aGl0ZSI+DQo8Y2VudGVyPjxoMT4zMDIgRm91
bmQ8L2gxPjwvY2VudGVyPg0KPGhyPjxjZW50ZXI+cHItbmdpbnhfMS0wLWLTI1MV9CUkFFQ0g
gQnJhbmNoPClRpbWUgOiBNb24gdT2N0IDE5IDE0OjE3OjUzIENTVCAyMDE1PC9jZW50ZXI+DQ
o8L2JvZHk+DQo8L2h0bWw+DQo=
```

提取到的 DataURI 信息主要分为 4 部分，每部分的含义如下：

- data：表示协议头，标识这个内容为一个 Data URI 资源。
- text/html：表示 MIME 类型，指定数据的展现方式。例如，图片显示为 image/jpeg；文本类型显示为 text/plain 等。
- base64：表示数据的编码方式。
- 其他内容：表示 Data URI 资源数据内容。

第 3 章   捕 获 数 据

通过 Fiddler 可以捕获客户端向服务器发送的请求包，也可以捕获服务器返回的响应包。为了获得想要的响应包，可以在捕获数据包之前进行相应的配置，如修改客户端状态、使用捕获过滤器。本章将详细讲解这些配置方法。

3.1   修改客户端状态

客户端发送请求，服务器根据请求返回对应的响应包。因此，请求信息起着关键作用。在获取数据包之前，可以对客户端进行相关设置。本节将详细讲解修改客户端状态的几种方式。

3.1.1   设置 User-Agent

User-Agent（用户代理，简称 UA）是 HTTP 中的一部分，通过它服务器能够识别客户可能使用的操作系统平台。网站根据浏览器提交的 UA，返回不同的内容。例如，用手机浏览器和电脑浏览器访问百度首页，得到的页面差异很大。Fiddler 提供了 UA 设置功能。它可以修改客户端提交的 UA，从而使网站根据修改后的 UA 返回对应的网页内容。Fiddler 支持常见的各种 UA，如表 3.1 所示。

表 3.1   UA的类型及含义

类　型	含　义
Netscape 3	Netscape通信公司开发的网络浏览器
WinPhone8.1	Microsoft的手机系统
Safari5（Win7）	Windows 7系统中的Safari 5浏览器
Safari9（Mac）	苹果Mac系统中的Safari 9浏览器
iPad	苹果平板电脑系统
iPhone6	苹果公司推出的手机系统
IE 6（XPSP2）	Windows XP SP2系统中的IE 6浏览器
IE 7（Vista）	Windows Vista操作系统中的IE 7浏览器

（续）

类　　型	含　　义
IE 8（Win2k3 x64）	Windows Server 2003系统中的IE 7浏览器
IE 8（Win7）	Windows 7系统中的IE 8浏览器
IE 9（Win7）	Windows 7系统中的IE 9浏览器
IE 10（Win8）	Windows 8系统中的IE 10浏览器
IE 11（Surface2）	Surface 2平板电脑系统中的IE 11浏览器
IE 11（Win8.1）	Windows 8.1系统中的IE 11浏览器
Edge（Win10）	Windows 10系统中的Edge浏览器
Opera	Opera浏览器
Firefox 3.6	火狐浏览器3.6版本
Firefox 43	移动版和桌面版火狐43版本浏览器
Firefox Phone	手机版的火狐浏览器
Firefox（Mac）	苹果版的火狐浏览器
Chrome（Win）	Windows系统中运行的Google Chrome浏览器
Chrome（Android）	安卓系统中运行的Chrome浏览器
ChromeBook	Chrome Book笔记本系统的Chrome浏览器
GoogleBot Crawler	Google的网络爬虫软件
Kindle Fire（Silk）	亚马逊平板电脑系统

【实例 3-1】设置 UA，并查看效果。

（1）启动 Fiddler。通过浏览器访问网站，查看捕获到的会话，如图 3.1 所示。其中，第 81 个会话显示访问了 www.163.com 网站。右侧显示了相应的 User-Agent 信息，此时是浏览器自己提交的 UA 信息。

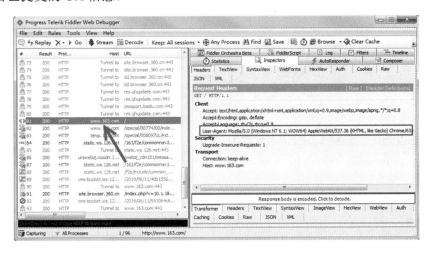

图 3.1　设置 UA 前的数据包信息

（2）在浏览器中，网站的显示效果是在台式机上的显示效果，如图 3.2 所示。

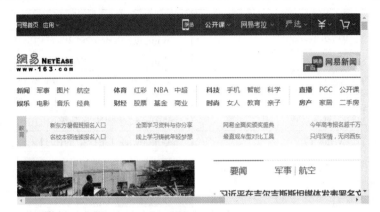

图 3.2　设置 UA 前网站的显示效果

（3）将 UA 设置为在苹果手机上显示。依次选择 Rules|User-Agents|iPhone6 命令。再次访问网站，查看捕获到的数据包信息，如图 3.3 所示。其中，User-Agent 信息显示为设置的 iPhone。

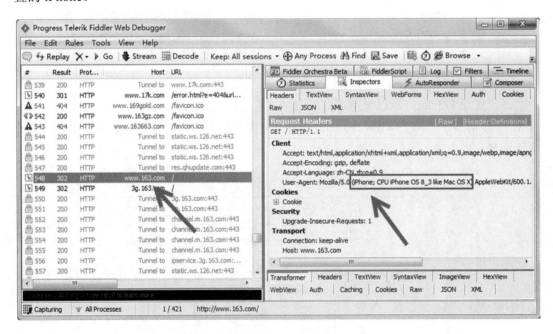

图 3.3　设置 UA 后的数据包信息

（4）此时，网站的显示效果为手机访问效果，如图 3.4 所示。

图 3.4 设置 UA 后网站的显示效果

3.1.2 设置网络模式

通信采用的网络模式多种多样。为了分析网页在慢速网络中的加载情况，需要限制网络的加载速度。Fiddler 提供了慢速网络模拟功能，只要选择 Rules|Performance| Simulate Modem Speeds 命令即可。

3.1.3 设置编码方式

在会话发出请求时，浏览器会提交编码请求，说明编码方式是否可接受，如 GZIP 编码。针对编码方式，Fiddler 提供了相应的设置。例如，要支持 GZIP 编码方式，需要依次选择 Rules|Apply GZIP Encoding 命令，勾选该命令；如果不支持所有编码方式，需要依次选择 Rules|Remove All Encodings 命令，勾选该命令。

3.2 捕 获 过 滤

在捕获会话时，往往会捕获到大量的会话。其中，很多会话缺少分析价值。为了避免这些数据的干扰，在捕获前可以设置捕获过滤器，不捕获特定类型的数据包。本节将详细讲解如何进行捕获过滤。

3.2.1 快速过滤

快速过滤是指不捕获特定类型的会话。例如，图片和 CONNECT 会话往往不是分析的重点,因此在捕获之前,可以过滤掉此类会话。

1. 过滤图片请求会话

网页加载显示的每个图片都会产生一个会话。由于图片数据往往缺少分析价值,可以将其过滤掉。选择 Rules|Hide Image Requests 命令,勾选该命令,这样就不会捕获图片请求会话。

2. CONNECT捕获过滤器

CONNECT 是 HTTPS 为了后续传输数据而建立的会话,如图 3.5 所示。由于这个过程并不传输真正的网页数据,所以也不需要分析。用户可以单击 Rules|Hide CONNECTs 命令,勾选该命令,避免捕获到该类型的会话。

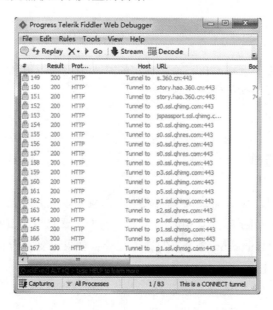

图 3.5　CONNECT 会话

3.2.2　Filters 选项卡

Filters 选项卡提供了一种"即指即点"的方式,可以很方便地将简单的过滤规则应用到正在捕获的数据流上。用来过滤自己想要的会话,避免产生过多的会话信息,便于分析。

启动Fiddler,默认情况下捕获过滤器是没有启用的,Fiddler 会捕获所有HTTP、HTTPS、FTP 协议的本地数据流。Filters 选项卡位于 Web Session 列表的右侧,单击该选项卡可以看到没有应用任何过滤器,如图 3.6 所示。

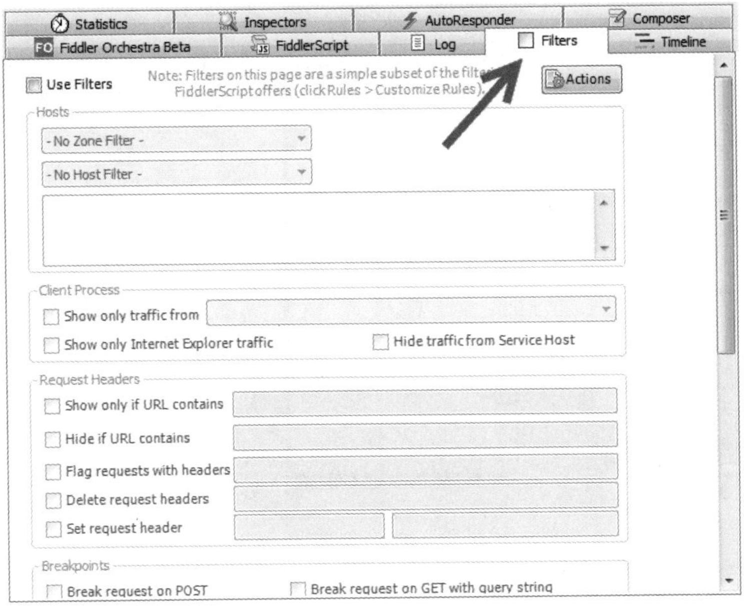

图 3.6　Filters 选项卡的默认设置

选中 Filters 选项卡左上方的 Use Filters 复选框后，就可以使用随后显示的过滤器对流量进行过滤了。过滤器的过滤条件可以是数据流的来源（如特定的客户端进程），也可以是数据流本身的某些特征（如该数据流所绑定的主机名和服务器返回内容的类型）。下面介绍如何使用过滤器。

3.3　通过 Hosts 主机过滤

Hosts 选项框提供根据主机名过滤的功能来过滤会话。在该选项栏中，我们可以看到有两个下拉列表框，分别为 No Zone Filter 和 No Host Filters。单击下拉列表框右边的小三角，可以通过展开的列表项设置过滤器来捕获会话。

3.3.1　是否显示互联网主机的会话

展开 No Zone Filter 下拉列表框，可以看到 Show only Intranet Hosts 和 Show only Internet Hosts，如图 3.7 所示。前者支持只显示内网主机的会话。后者只显示互联网主机的会话。选择 Show only Intranet Hosts 命令，然后通过浏览器访问网站（如 www.baidu.com）。访问网站成功后，会看到在 Fiddler 的 Web Session 列表中没有捕获到任何会话。这说明只显示内网的会话，而不会显示任何互联网主机上的会话，如图 3.8 所示。

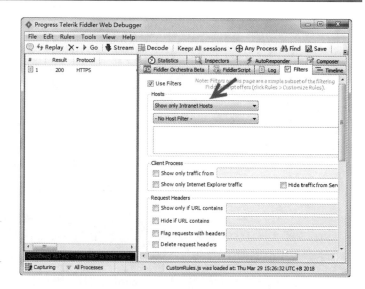

图 3.7　No Zone Filter 下拉列表框　　　　图 3.8　不显示互联网主机上的会话

选择 Show only Internet Hosts 命令，通过浏览器访问网站（如 www.baidu.com），访问网站成功后，我们会看到在 Fiddler 的 Web Session 列表中捕获到了互联网的会话，如图 3.9 所示。

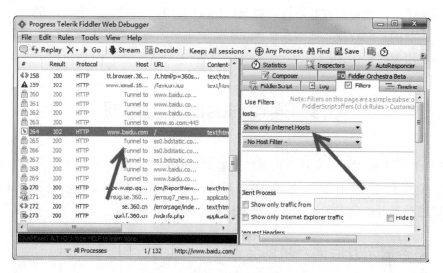

图 3.9　只显示互联网主机的会话

3.3.2　隐藏指定主机名的会话

展开 No Host Filters 下拉列表框，可以看到 Hide the following Hosts、Show only the following Hosts 和 Flag the following Hosts。它们分别表示隐藏以下主机名、只显示以下主机名和标记以下主机名，如图 3.10 所示。

　　选择 Hide the following Hosts 命令，然后在下面的文本框中输入主机名（如 www.qq.com）。这代表 Fiddler 只隐藏主机名为 www.qq.com 的会话，而不会隐藏其他会话（如 wis.qq.com、p.l.qq.com 等）。可以在文本框中输入多个 Host，使用分号分隔。在文本框中输入主机名后背景为黄色，代表设置没有生效，单击文本框以外的任何地方，使其黄色背景消失，代表设置生效。设置生效后，通过浏览器访问网站，访问成功后的界面如图 3.11 所示。

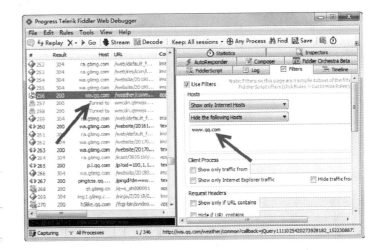

图 3.10　No Host Filters 下拉列表框　　　　图 3.11　隐藏指定主机名的会话

　　从图 3.11 中可以看到，不再含有主机名为 www.qq.com 的会话了。

3.3.3　只显示指定主机名的会话

　　我们有时候去访问一个网址会捕获到很多会话，例如访问腾讯网址（http://www.qq.com/），捕获到有关该网址的许多会话，如图 3.12 所示。

　　对于捕获到的这些会话，我们只需要分析其中一个会话就够了。为了能够快速找到自己想要的会话，避免其他会话的干扰，我们只需要过滤目标主机名的会话就可以了。下面是操作方法。

　　在 No Host Filters 下拉列表框中选择 Show only the following Hosts 命令。在文本框中输入主机名（如 www.qq.com）。然后在浏览器中访问该网站和其他网站。访问成功后，回到 Web Session 列表查看捕获的会话，发现只显示了主机名为 www.qq.com 的会话，如图 3.13 所示。

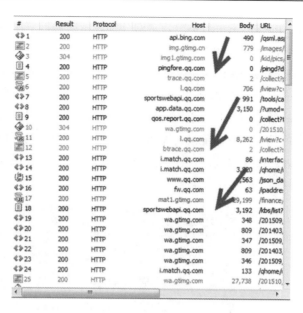

图 3.12 默认捕获的会话

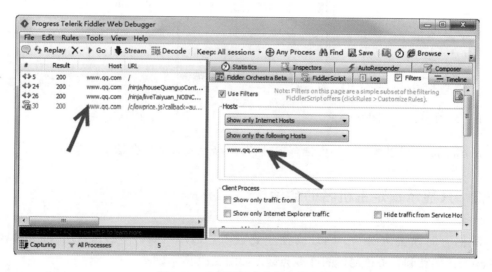

图 3.13 只显示指定主机名的会话

3.3.4 标记指定主机名的会话

启动 Fiddler，在浏览器中访问任意网站会捕获到许多会话。这些会话的主机名各不相同，我们有时候需要快速找出相关的几个主机名的相关会话。这时，可以进行设置，将捕获的相关主机名的会话进行标记。下面是操作方法。

在 No Host Filters 下拉列表框中选择 Flag the following Hosts 命令。在文本框中输入主机名（如 www.qq.com:email.163.com）。然后在浏览器中访问该网站和其他网站。访问成功后回到 Web Session 列表查看捕获的会话，发现其中显示捕获的所有会话。其中，主机名为 www.qq.com 和 email.163.com 的会话被标记了，其他的会话没有被标记，如图 3.14 所示。

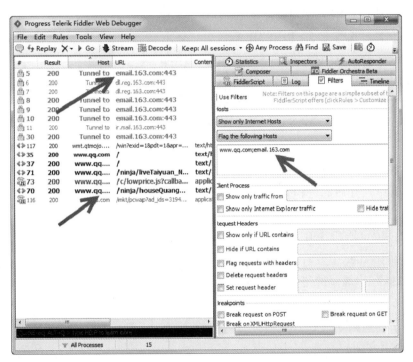

图 3.14　标记指定主机名的会话

3.4　通过客户端进程过滤

进程过滤器可以控制显示哪个进程的数据流。在 Client Process 选项框中可以看到有 3 个复选框，如图 3.15 所示。可以通过选中它们，捕获客户端特定进程下的会话。只有正在运行的客户端和 Fiddler 在相同的主机上时，Fiddler 才能判断出是哪个进程发出的请求。

图 3.15　Client Process

3.4.1 只显示指定进程下的数据流

Fiddler 捕获会话时，默认捕获的是本地所有进程的会话，这给用户分析会话带来很大的不便。这时可以指定进程，只捕获该进程下的数据流。这样，就方便对捕获的会话进行分析了。下面是操作方法。

勾选 Client Process 选项框中 Show only traffic from 前面的复选框。单击最右边的小三角，展开下拉列表框列表项。该列表包含系统中当前正在运行的所有进程，如图 3.16 所示。

从图 3.16 中可以看到系统中正在运行的所有进程。其中，开启的进程有 IE 浏览器和 360 浏览器。选择其中一个浏览器（如 360 浏览器），在 IE 浏览器和 360 浏览器中分别浏览网站。回到 Fiddler 中查看捕获的会话，会发现在 Process 列中显示的进程都是 360 浏览器下的会话，没有捕获到通过 IE 浏览器访问的网站的会话，如图 3.17 所示。

图 3.16 系统中运行的进程

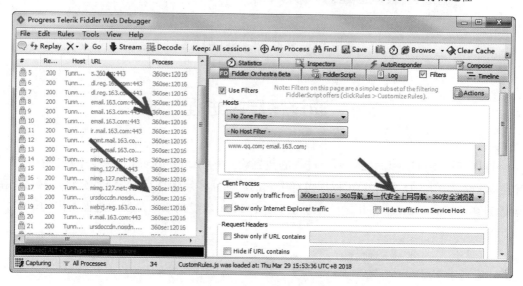

图 3.17 只显示指定进程的会话

3.4.2　只显示进程名称以 IE 开头的数据流

勾选 Client Process 选项框中 Show only Internet Explorer traffic 复选框，将会只捕获进程名称以 IE 开头或请求的 User-Agent 包含 compatible:MSIE 的数据流。设置完成后，使用不同的进程后，查看 Fiddler 捕获的会话。我们可以看到捕获的会话都是 IE 进程下的会话，如图 3.18 所示。

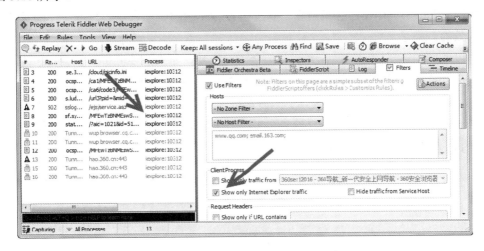

图 3.18　进程名称以 IE 开头的数据流

3.4.3　隐藏 svchost.exe 进程的数据流

svchost.exe 是微软 Windows 操作系统的系统程序。该进程也会产生 HTTP 会话。对于这些无用的会话请求，我们可以进行隐藏，勾选 Hide traffic from Service Host 复选框即可。

3.5　通过响应状态码过滤

每一个会话都有对应的响应状态码，它们代表会话的不同类型和含义。我们可以通过给出的选项，基于响应状态码过滤会话。这些选项如图 3.19 所示。

图 3.19　Response Status Code

图 3.19 显示了五个选项，可以根据响应状态码来过滤会话。下面是每个选项的具体含义。

- Hide success(2xx)：隐藏状态码在 200～299 范围内（包含 200 和 299）的响应。这些状态码用来表示请求成功。
- Hide non-2xx：隐藏状态码不在 200～299 范围内的响应。
- Hide Authentication demands：隐藏状态码为 401 和 407 的响应，这些响应需要用户进一步确认证书。
- Hide redirects：隐藏对请求进行重定向的响应。
- Hide Not Modified：隐藏请求中状态码为 304 的响应，表示客户端缓存的实体是有效的。

一般通过浏览器访问网站，大部分都会访问成功，如果想要分析其他会话（请求未成功），我们可以进行设置，把请求成功的会话过滤掉。下面是设置的方法。

在图 3.19 中勾选 Hide success(2xx)复选框，然后通过浏览器访问网站，返回 Fiddler 的 Web Session 列表，会发现捕获会话的响应状态码没有 200～299 范围内（包含 200 和 299）的会话了，如图 3.20 所示。

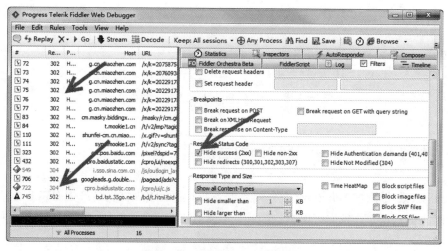

图 3.20　隐藏请求成功的会话

3.6　通过响应类型和大小过滤

Fiddler 捕获的会话类型各不相同，会话响应体的大小也不相同。对于这些会话，我们可以通过设置捕获过滤器只捕获指定类型的会话，也可以在捕获时隐藏响应体范围内字节数的会话。设置界面如图 3.21 所示。

从图中可以看到一些选项和一个下拉列表框。通过设置这些选项，可以在捕获数据流时控制在 Web Session 列表中显示的响应类型。单击下拉列表框右边的小三角展开列表项，如图 3.22 所示。

图 3.21　Response Type and Size　　　　　　图 3.22　下拉列表框列表项

图 3.22 中的列表支持隐藏响应不是指定类型的 Session。下面是列表项的具体含义。

- Show all Content-Types：不过滤。
- Show only IMAGE/*：隐藏 Content-Type 非图像类型的 Session。
- Show only HTML：隐藏 Content-Type 非 HTML 类型的 Session。
- Show only TEXT/CSS：隐藏 Content-Type 非文本/CSS 类型的 Session。
- Show only SCRIPTS：隐藏 Content-Type 非脚本类型的 Session。
- Show only XML：隐藏 Content-Type 非 XML 类型的 Session。
- Show only JSON：隐藏 Content-Type 非 JSON 类型的 Session。
- Hide IMAGE/*：隐藏 Content-Type 为图片类型的 Session。

3.6.1　捕获指定类型的会话

如果希望 Fiddler 只捕获图片类型的 Session，在下拉列表框中选择 Show only IMAGE/*，然后在浏览器中访问任意网站。此时，捕获到的会话都是图片类型的，如图 3.23 所示。

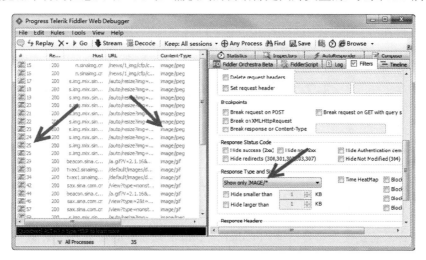

图 3.23　只显示图片类型的会话

如果不想捕获到图片类型的会话，可以在下拉列表框中选择 Hide IMAGE/*。我们可以根据实际需要通过下拉列表项来隐藏响应不是指定类型的 Session。操作方法与前面类似，这里不再赘述了。

3.6.2　捕获响应体规定范围的会话

下拉列表框的下面有两个选项：Hide smaller than 用于隐藏响应体小于指定的字节数的响应；Hide larger than 用于隐藏响应体大于指定字节的响应。可以在选项后面的文本框中设置大小。例如，要捕获响应体字节数大小为 5k～7k 的会话，可以通过该选项设置来完成。捕获结果如图 3.24 所示。

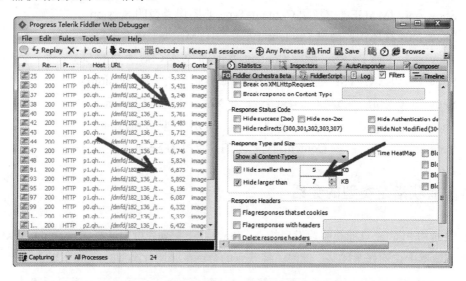

图 3.24　查看响应体大小为 5k～7k 的会话

3.7　通过响应头内容过滤

Fiddler 捕获到的会话响应头的内容是不同的。我们来查看会话的响应头的内容。选中一个会话，单击 Web Session 列表右侧的 Inspectors 选项卡，然后单击中间的 Headers 选项卡，就会看到会话的响应头内容，如图 3.25 所示。

图中的右下方就是选中会话的响应头的内容。了解响应头的内容后，我们就可以根据响应头的内容来捕获相关的会话了。Fiddler 的 Filters 选项卡的最下方提供了一些选项，如图 3.26 所示。

　　用户可以通过图中的这些选项，在捕获时捕获或不捕获指定响应头名称的会话，也可以自己创建响应头。

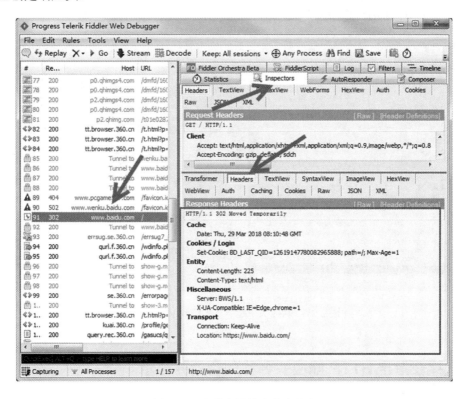

图 3.25　查看会话的响应头内容

图 3.26　响应头选项

3.7.1　捕获响应头中包含 Set-Cookie 响应的会话并显示

　　响应头中的 Set-Cookie 代表服务器发送 Cookie 相关的信息。如果用户需要查看 Fiddler 捕获的会话中哪些会话的响应头包含 Set-Cookie，一个一个查看显然比较麻烦。我们可以在捕获时进行过滤显示，将响应头中包含 Set-Cookie 响应的会话显示出来。这样，更方便用户查找。下面是设置的方法。

在 Response Headers 中勾选 Flag responses that set cookies 复选框，然后在浏览器中访问一些网站。成功访问后，捕获的所有会话中，响应头中包含 Set-Cookie 的会话会以斜体的形式显示出来，如图 3.27 所示。

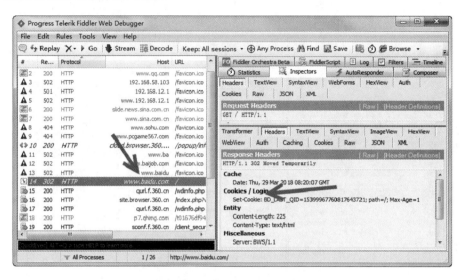

图 3.27　响应头中包含 Set-Cookie 的会话

3.7.2　捕获指定 HTTP 响应头名称的会话并显示

Fiddler 捕获的会话包含的响应头内容比较多。要想找出响应头中包含指定内容名称的会话，一个一个去查看显然不可行。我们也可以在捕获时进行过滤显示，将 HTTP 响应头中包含指定名称的会话显示出来，方便用户查找。下面是设置的方法。

在 Response Headers 中，勾选 Flag responses with headers 选项，在后面的文本框中输入 HTTP 响应头内容的名称（如 Location）。设置完成后，Fiddler 在捕获会话时，如果捕获的会话响应中存在该 HTTP 头名称，将会以粗体的形式显示出来。查看结果如图 3.28 所示。

图中第 11 个会话包是加粗的，访问的网站是 www.baidu.com，并且在响应头中可以看到 Location：https://www.baidu.com/。这说明已经成功显示 HTTP 响应头内容包含指定 Location 的会话。

如果想使捕获的第 11 个会话中不包含响应头内容名称 Location，那么在 Response Headers 中勾选 Delete responses headers 复选框，在后面的文本框中输入 Location。设置完成后，继续访问 www.baidu.com 网站，查看捕获该会话的响应头内容。这时，就发现响应头内容不再包含名称 Location，如图 3.29 所示。

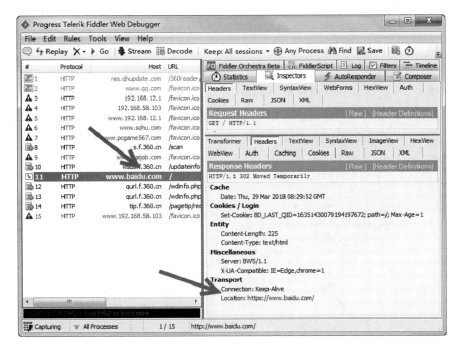

图 3.28　查看指定 HTTP 响应头名称的会话

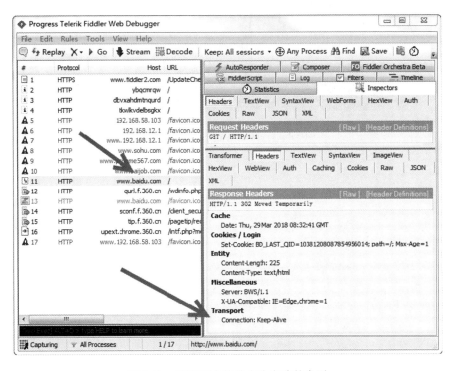

图 3.29　查看删去的响应头名称的会话

3.7.3　自定义响应头内容

　　默认情况下，捕获的会话响应头的内容是自动生成的，我们还可以创建 HTTP 响应头，自己设置取值。例如，我们把响应头中 Content-Length 的值设置为 80（服务器发送显示的字节码长度）。在 Response Headers 中勾选 Set response header 复选框，在后面的文本框分别输入 Content-Length 和 80，访问网站后，查看捕获到的会话响应头内容，如图 3.30所示。

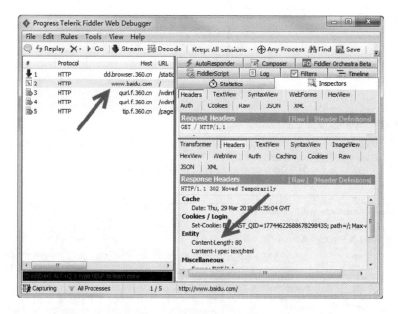

图 3.30　自定义响应头内容会话

第 4 章　Session 的分类、过滤与搜索

在抓包中，Fiddler 往往会抓取到客户端访问网站产生的大量会话（Session）。例如，客户端可能在听音乐、看视频或者浏览图片。用户需要在众多的会话中找到自己需要的会话。本章将详细讲解如何对会话进行分类与过滤。

4.1　Session 的类型

启动 Fiddler 后，Web Session 列表会显示捕获的各种会话。为了方便用户分析，Fiddler 将这些会话根据类型进行分类标记。下面讲解 Fiddler 对 Session 进行分类的方式。

在 Fiddler 的菜单栏中依次选择 File|Load Archive 命令，打开一个已经捕获到的文件，如图 4.1 所示。

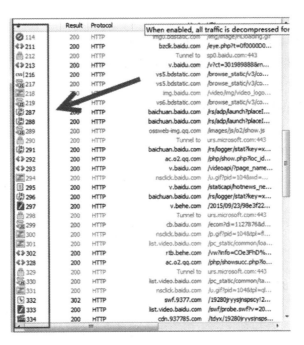

图 4.1　Session 列表类型

从 Session 列表可以看到，每个会话前面都有一个小图标。不同图标代表不同类型的会话。下面简单介绍不同图标代表的会话类型。

⬆：正在向服务器发送请求。

⬇：正在从服务器接收请求内容（下载响应）。

▣：请求停止于断点处，允许对它进行修改。

▣：响应停止于断点处，允许对它进行修改。

◎：请求使用的是 HEAD 或 OPTIONS 方法，返回 HTTP/204 状态码。使用该方法客户端无须下载内容就可以获取目标 URL 或服务器的信息。

▣：请求使用 POST 方法向服务器发送数据。

🔒：请求使用 CONNECT 方法。使用该方法构建传送加密 HTTPS 数据流的通道。

▣：响应内容为 HTML 文件。

▣：响应内容为图片文件。

▣：响应内容为脚本文件。

css{：响应内容为 CSS 文件。

▣：响应内容为 XML 文件。

▣：响应内容为 JSON 文件。

♫：响应内容为音频文件。

▣：响应内容为视频文件。

▣：响应为 HTTP/3xx 类重定向。

⚠：服务器端错误，响应包含 HTTP/4xx 或 HTTP/5xx 错误状态码。

◙：Session 被客户端应用、Fiddler 或服务器终止。

◆：响应状态是 HTTP/304，表示客户端缓存的副本已经是最新的了。

▤：响应 Content-Type 没有专用的图标。

▣：响应内容为 Flash 小应用程序。

🔑：响应为 HTTP/401 或 HTTP/407，要求客户端进行认证；或者响应为 HTTP/403，表示访问被拒绝。

4.2 高级过滤

了解了 Session 的种类后，我们就可以通过类型过滤的方法，找到相关类型的所有 Session。在 Web Session 列表和状态栏之间有一个黑色的 QuickExec 文本框。QuickExec 支持根据指定的搜索条件快速过滤出用户感兴趣的数据流，如图 4.2 所示。

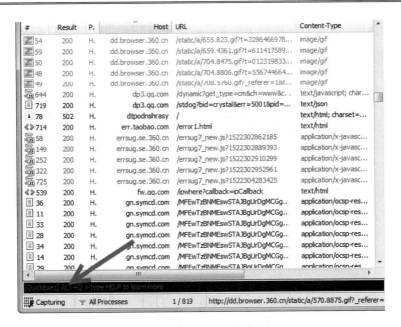

图 4.2　QuickExec 文本框

用户可以在 QuickExec 文本框中输入响应命令来对 Session 进行过滤。下面介绍过滤会话的方法。

4.2.1　通过 select 过滤

select 可以从所有响应类型（指 Content-Type）中过滤出指定类型的 HTTP 请求。下面是各选项的功能。

- select image：过滤图片类型的会话。
- select css：过滤所有响应类型为 CSS 的请求。
- select html：过滤所有响应类型为 HTML 的请求。

⌂提示：Content-Type（内容类型）是 HTTP 响应头中的字段，用于定义网络文件的类型和网页的编码格式，决定浏览器将以什么形式、什么编码格式读取这个文件。

1．过滤图片类型的会话

【实例 4-1】通过 select image 命令过滤图片类型的会话。在 QuickExec 文本框中，输入 select image，显示结果如图 4.3 所示。

从会话列表可以看到，符合条件的 Session 被高亮显示出来，并且 Web Session 列表中的 Content-Type 列标题内容有 image/gif 、image/png、image/jpeg 等，说明过滤出来的 Session

为图片类型的会话。用户也可以直接输入 select image/gif，过滤出 GIF 格式的会话。

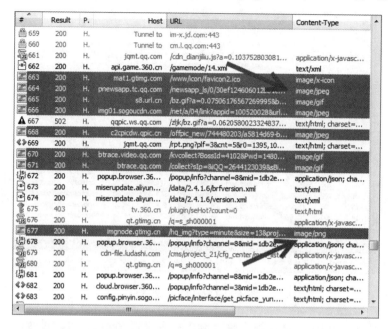

图 4.3　过滤图片类型的会话

2. 过滤CSS类型的会话

【实例 4-2】通过 select css 命令过滤所有响应类型为 CSS 请求的会话。在 QuickExec 文本框中输入 select css，显示结果如图 4.4 所示。

图 4.4　过滤 CSS 类型的会话

从会话列表中可以看到，符合条件的 Session 被高亮显示出来，并且 Web Session 列表中的 Content-Type 列标题内容是 text/css，说明过滤出来的 Session 为 CSS 类型的会话。

3．过滤HTML类型的会话

【**实例 4-3**】通过 select html 命令，过滤所有响应类型为 HTML 的会话。在 QuickExec 文本框中输入 select html，显示结果如图 4.5 所示。

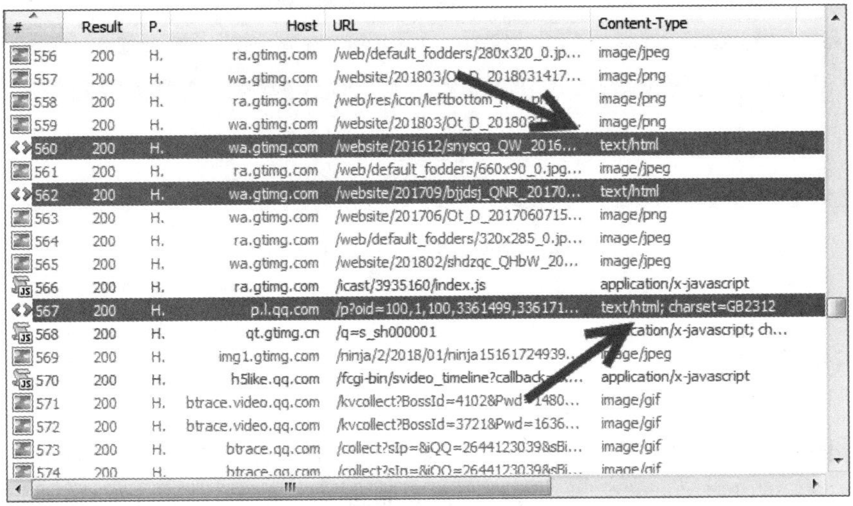

图 4.5　过滤 HTML 类型的会话

从会话列表中可以看到，符合条件的 Session 被高亮显示出来，并且 Web Session 列表中的 Content-Type 列标题内容为 text/html、text/html;charset=GB2312 等，说明过滤出来的 Session 为 HTML 类型的会话。

🔍**提示**：Content-Type 属性指定响应的 HTTP 内容类型。如果未指定 Content-Type，则默认为 text/html。

4．过滤包含指定字符串的会话

【**实例 4-4**】过滤 Content-Type 中包含指定字符串的会话，通过 select javascript 命令过滤 Content-Type 中包含 javascript 的会话。在 QuickExec 文本框中输入 select javascript，过滤结果如图 4.6 所示。

从会话列表中可以看到，符合条件的 Session 被高亮显示出来，并且 Web Session 列表中的 Content-Type 列标题内容包含字符串 javascript。

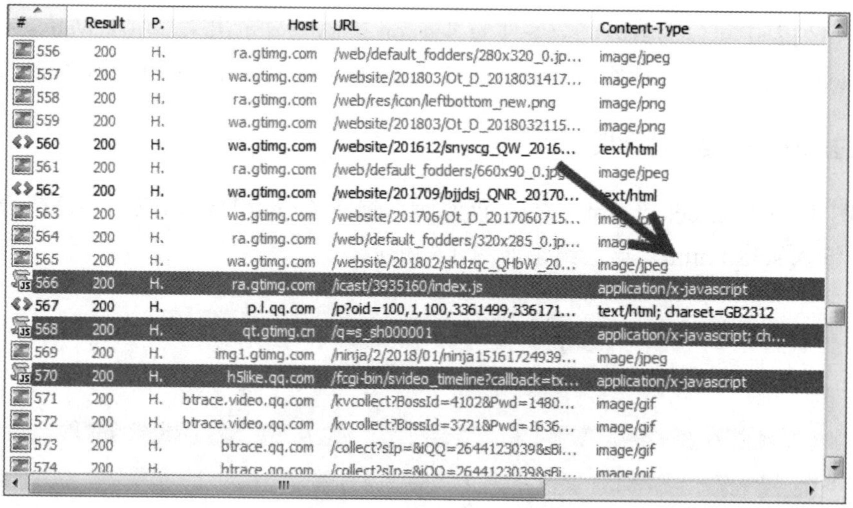

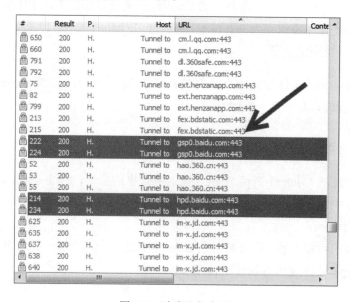

图 4.6　过滤包含指定字符串的会话

4.2.2　通过?过滤

在 Fiddler 捕获到的许多会话中，URL 基本是不相同的。要想找出包含指定字符串的
URL 的会话，可以通过过滤的方法查找。在 Fiddler 中，使用?对会话的 URL 进行查找。

【实例 4-5】下面通过? baidu 命令，过滤 URL 中包含 baidu 的会话。在 QuickExec 文
本框中，输入? baidu，过滤结果如图 4.7 所示。

图 4.7　过滤出的会话

4.2.3　通过 allbut 过滤

allbut 命令用于根据响应类型过滤出指定类型的会话，并且会把其他类型的会话删除。

【实例 4-6】下面通过 allbut css 命令，把响应类型为非 CSS 的会话全部删掉，只留下是响应类型为 CSS 的会话。在 QuickExec 文本框中，输入 allbut css，过滤结果如图 4.8 所示。

图 4.8　过滤的会话

从图中可以看到只有两个会话，并且均为 CSS 类型，其余类型的会话都被删掉了。

4.2.4　通过会话大小过滤

Fiddler 捕获的会话响应的字节数不同。通常，播放视频的会话要比浏览图片的会话的字节数多很多。用户可以根据响应体的字节数，缩小查找会话的范围。Fiddler 提供的表达式可用于过滤响应体大小处于某一范围内的会话。其中，>size 用于过滤响应体大小超过指定字节数的会话；<size 用于过滤响应体大小小于指定字节数的会话。

【实例 4-7】下面通过>4k 命令，过滤响应体超过 4KB 的会话。在 QuickExec 文本框输入>4k，显示结果如图 4.9 所示。

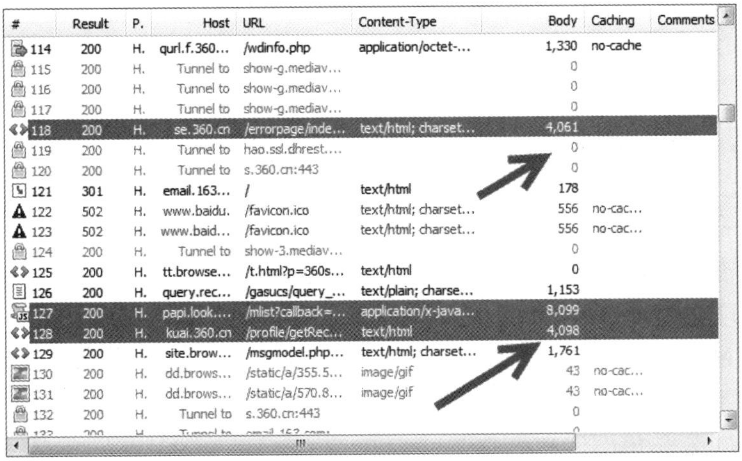

图 4.9　过滤大于 4KB 的会话

从会话列表中可以看到，符合条件的 Session 被高亮显示出来。其中，Body 列显示的响应大小都大于 4KB。

4.2.5 通过@Host 过滤

每个会话都有其对应的主机名。要查找具有相同的 Host 字符串的相关会话，不需要逐一查看，可以通过过滤的方法进行筛选。Fiddler 提供了@符号进行过滤。

【实例 4-8】通过@qq.com 命令，过滤请求头 Host 中包含字符串 qq.com 的会话。在 QuickExec 文本框中，输入@qq.com，过滤结果如图 4.10 所示。

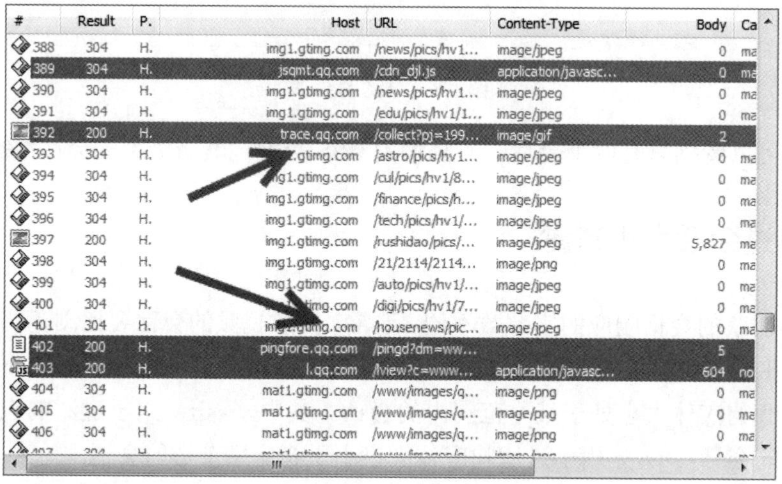

图 4.10 过滤 Host 中包含 qq.com 的会话

从会话列表中可以看到，符合条件的 Session 被高亮显示出来。这些会话的 Host 列的值都包含字符串 qq.com。

4.2.6 通过=status 过滤

每个会话都有对应的响应状态码，用于标识会话的情况。用户可以通过过滤的方法筛选指定响应状态码的会话。Fiddler 提供的=可实现该功能。

【实例 4-9】通过=304 命令，过滤响应状态码为 304 的会话。在 QuickExec 文本框中，输入=304，过滤结果如图 4.11 所示。

从会话列表可以看到，符合条件的 Session 被高亮显示出来，并且在 Result 列中可以看到响应状态码都为 304。

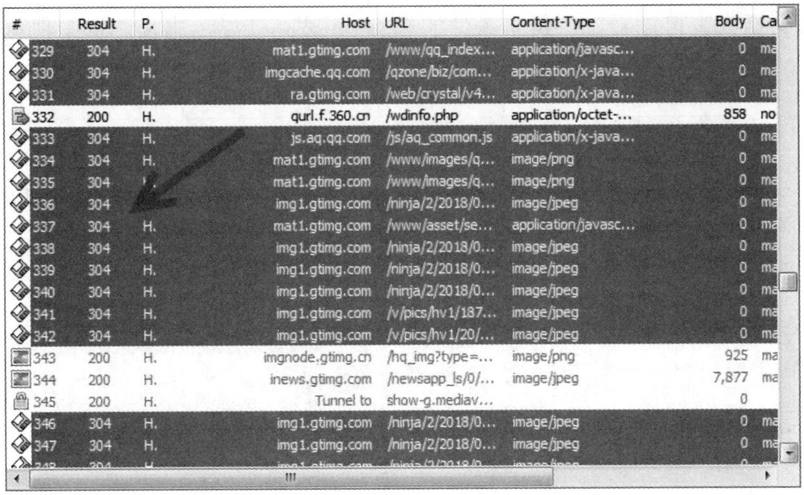

图 4.11　过滤响应状态码为 304 的会话

4.2.7　通过=Method 过滤

会话的请求多种多样。如果想找出同一类型请求的会话，最简单的方法就是通过过滤筛选。Fiddler 提供以下两种方式进行过滤。

- =GET 表示过滤请求方法为 GET 的会话。
- =POST 表示过滤请求方法为 POST 的会话。

【实例 4-10】通过=GET 命令，过滤请求方法为 GET 的会话。

（1）在 QuickExec 文本框中，输入=GET，过滤结果如图 4.12 所示。

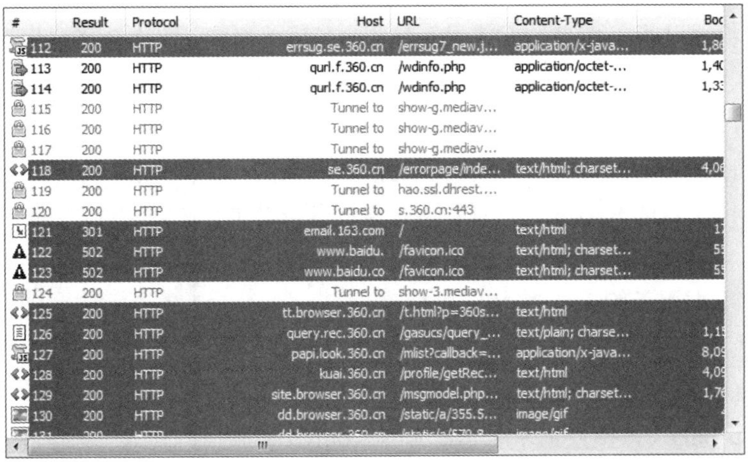

图 4.12　过滤 GET 会话

（2）从会话列表可以看到，符合条件的 Session 被高亮显示出来。选中任意一个会话，然后在右边的 Inspectors 选项卡的头部信息 Header 中可以看到会话的类型，如图 4.13 所示。

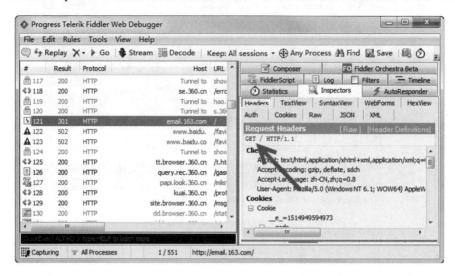

图 4.13　查看会话请求方法

（3）此时，过滤出的 HTTP 会话的请求方法为 GET。

过滤和查看 HTTP 方法为 POST 的会话，操作方法与此类似，这里就不再赘述了。

4.3　全　文　搜　索

Fiddler 支持用户进行全文搜索，在会话的请求和响应中，搜索指定的字符串。一旦搜索到，Fiddler 将通过颜色高亮的方式显示结果。在菜单栏中，依次选择 Edit|Find Sessions...命令，或者使用快捷键 Ctrl+F，打开 Find Sessions 对话框，如图 4.14 所示。

Find Sessions 对话框支持搜索捕获到的请求和响应，并选中包含指定文本的 Session。下面是该对话框各部分的功能。

- Find 文本框用于输入要搜索的文本。
- Search 下拉列表框用于指定搜索目标，包括 Requests and responses（请求和响应，默认值）、Requests only（只搜索请求）、Responses only（只搜索响应）和 URLs only（只搜索 URL）。

图 4.14　Find Sessions 对话框

- Examine 下拉列表框用于指定搜索的范围，如搜索 Session 的 Headers、Bodies 或者是两者都搜索（默认值）。
- Result Highlight 下拉列表框设置高亮的背景颜色，所有包含搜索文本的 Session 都会应用该背景颜色。默认颜色为黄色。

下面介绍全文搜索会话的方式。

（1）在 Find 文本框中输入 www.qq.com，其他使用默认值。然后，单击 Find Sessions 按钮，开始执行搜索，并关闭 Find Sessions 对话框。Web Session 列表将高亮显示匹配的搜索结果，如图 4.15 所示。

#	Result	Protocol	Host	URL	Content-Type
475	200	HTTP	wa.gtimg.com	/website/20170...	text/html
477	304	HTTP	wa.gtimg.com	/website/20180...	image/jpeg
458	200	HTTP	wis.qq.com	/weather/comm...	application/json;c...
48	502	HTTP	www.192.168.12.1	/favicon.ico	text/html; charset...
139	502	HTTP	www.192.168.58.103	/favicon.ico	text/html; charset...
49	502	HTTP	www.ba	/favicon.ico	text/html; charset...
95	502	HTTP	www.baidu	/favicon.ico	text/html; charset...
122	502	HTTP	www.baidu.co	/favicon.ico	text/html; charset...
123	502	HTTP	www.baidu.co	/favicon.ico	text/html; charset...
100	302	HTTP	www.baidu.com	/	text/html
50	502	HTTP	www.baijob.com	/favicon.ico	text/html; charset...
1	200	HTTPS	www.fiddler2.com	/UpdateCheck...	text/plain; charse...
40	404	HTTP	www.pcgame567.com	/	text/html
31	200	HTTP	www.qq.com	/favicon.ico	image/x-icon
324	200	HTTP	www.qq.com	/	text/html; charset...
459	200	HTTP	www.qq.com	/ninja/houseQu...	text/html; charset...
460	200	HTTP	www.qq.com	/ninja/liveTaiyu...	text/html; charset...
461	200	HTTP	www.qq.com	/c/lowprice.js?...	application/javasc...
281	302	HTTP	www.so.com	/favicon.ico	text/html
282	404	HTTP	www.sohu.com	/favicon.ico	text/html
215	302	HTTP	www.taobao.com	/	text/html
538	200	HTTP	x.jd.com	/mkt/pcwap?ad...	application/x-java...

图 4.15　高亮显示匹配的搜索结果

（2）再次打开 Find Sessions 对话框，默认使用的颜色（黄色）已经变成其他颜色了，如图 4.16 所示。这样，再次搜索会话时，会交替使用不同的颜色标记搜索出的结果。

（3）如果想高亮显示其他会话（如 www.baidu.com 的会话），而不再高亮显示 www.qq.com 的相关会话，勾选 Select matches 复选框即可。如果想一直使用当前颜色来显示要搜索的会话，就勾选 Unmark old results 复选框。设置好以后，显示结果如图 4.17 所示。

图 4.16　Find Sessions 对话框

（4）如果想用不同颜色来高亮显示不同的搜索会话，可取消选中 Select matches 复选框和 Unmark old results 复选框，再一次执行 Find Sessions 操作即可。显示结果如图 4.18 所示。

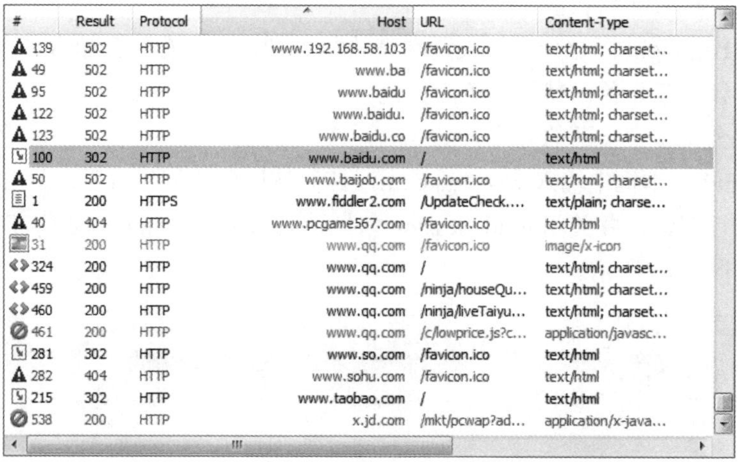

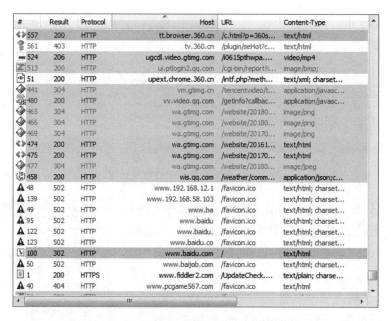

图 4.17　高亮显示会话

图 4.18　用不同颜色高亮显示会话

从图 4.18 中可以看到，黄色高亮显示的是 www.qq.com 的会话。绿色高亮显示的是 www.baidu.com 的会话。

第 5 章 HTTP 请求

HTTP 请求是客户端发给服务器端的请求消息。请求信息不仅包含客户端要访问的信息，还包含客户端的配置信息以及传输方式信息。服务器端根据这些请求信息，决定如何向客户端返回信息。本章将讲解如何通过 Fiddler 分析 HTTP 请求。

5.1 HTTP 请求的构成

Fiddler 捕获到的会话由 HTTP 请求和 HTTP 响应构成。在 Session 列表的右侧，选择 Inspectors 选项卡，可以查看 HTTP 请求的相关信息，如图 5.1 所示。该部分中上端提供了一些选项卡，用于查看 HTTP 请求的相关信息。

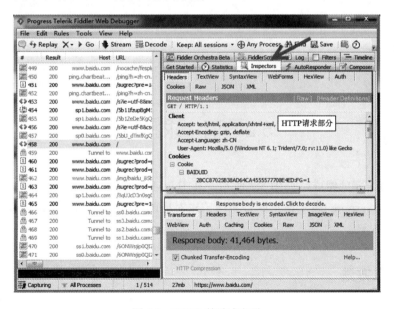

图 5.1 HTTP 的请求部分

HTTP 请求消息由 3 部分构成，分别为请求行、请求头、请求体，结构如图 5.2 所示。

这里，使用序号标出了 HTTP 请求的每个部分。第一部分为请求行（request line）；第二部分为请求头（request header）；第三部分为请求体（request body）。请求头和请求体之间由一个空行分隔。打开一个捕获的文件，选择一个会话，在 HTTP 请求部分中切换到 Raw 选项卡，可以查看 HTTP 请求的原始数据信息，如图 5.3 所示。

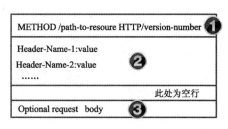

图 5.2　请求消息结构图

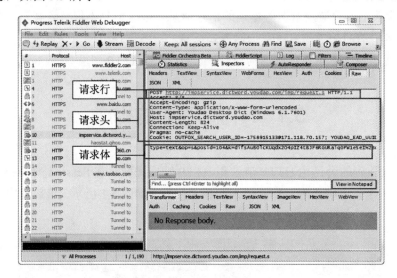

图 5.3　HTTP 的请求信息

5.2　请　求　行

请求行由 3 部分组成，如图 5.2 所示。其中，METHOD 表示请求的方法（如 POST、GET）；path-to-resoure 表示请求的资源（请求对应的 URL）；HTTP/version-number 表示 HTTP 以及版本号。

5.2.1　请求方法

HTTP 支持多种请求命令，这些请求命令称为请求方法。请求方法会告诉 Web 服务器要执行的动作。从图 5.3 中可以看到，该会话的请求方法为 POST，表示它要执行的动作是向服务器发送需要处理的数据，如 HTML 表单数据；请求的 URL 为 http://impservice.

dictword.youdao.com/imp/request.s，会话的协议为 HTTP/1.1。HTTP 会话的请求方法有许多种，下面是每种请求方法及其含义。

- GET：从服务器获取一份文档。
- POST：向服务器发送需要处理的数据。
- HEAD：从服务器获取文档的消息报头。
- OPTIONS：指定可以在服务器上执行哪些方法。
- PUT：将请求的主体部分存储在服务器上。
- DELETE：从服务器上删除一份文档。
- TRACE：对可能经过代理服务器传送到服务器上的报文进行追踪。

其中，最常用的方法是 GET 和 POST。下面着重讲解这两种方法。

5.2.2　GET 请求方法

GET 请求方法可以从 Web 服务器上获取一份文档。例如，通过浏览器访问一个网页就会产生 GET 请求。在这个过程中，客户端根据 URL 请求服务器，服务器返回客户端想要的页面。在请求的过程中，客户端可以通过 URL 附加额外的数据并发送给服务器。下面详细讲解 GET 请求方法如何通过 URL 传递数据。

1．传输数据的方式

在请求过程中，客户端可以将传递的数据添加到 URL 后面，并使用问号（?）进行分隔。而传递数据的形式为"参数名=参数值"，其完整格式如下：

```
URL?参数名=参数值
```

如果存在多个数据，则参数之间需要使用&分隔。如果传输的数据是英文字母、数字或某些标点符号，它们会直接作为参数值进行传递。如果传输的数据包含其他字符（如中文），则这些字符将由 URL 编码后再发送给服务器。

【实例 5-1】通过 Fiddler 抓包验证传输数据的方式。

（1）启动 Fiddler，在百度首页中搜索关键词 fiddler，将成功显示与 fiddler 相关的信息，如图 5.4 所示。其中，fiddler 为客户端要传输的相关数据。该数据将被添加到 URL 后面。

（2）Fiddler 捕获到相应的会话。选择该会话，在请求行的网址中可以看到传递的数据，如图 5.5 所示。

由于网址较长，为了方便讲解，这里将网址提取出来，具体如下：

```
https://www.baidu.com/s?ie=utf-8&csq=1&pstg=20&mod=2&isbd=1&cqid=f94e9d
fd0004882b&istc=1085&ver=QtBrSQpX0L4aje7fmarSnu9W1rFzXSeMCY_&chk=5dc242
```

```
91&isid=28CC878E4ED81972&ie=utf-8&f=8&rsv_bp=1&rsv_idx=1&tn=baidu&wd=fi
ddler&rsv_pq=f227fdd400046057&rsv_t=8a5be7nVJdk3OrBHGHudeeJ99tuO3HS23y3
uodmbQS3RQPae9qNNSKYfG0Y&rqlang=cn&rsv_dl=tb&rsv_enter=1&rsv_sug3=8&rsv
_sug1=4&rsv_sug7=101&rsv_sug2=0&inputT=1872&rsv_sug4=6977&f4s=1&_ck=147
8.0.-1.-1.-1.-1.-1rsv_isid=1424_21108_29568_29700_29220_26350&isnop=1&
rsv_stat=-2&rsv_bp=1
```

图 5.4　显示 fiddler 的相关信息

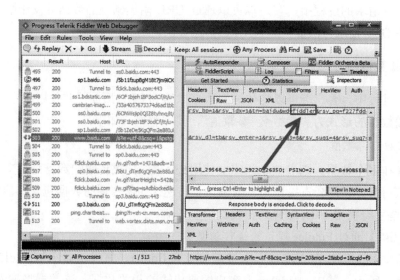

图 5.5　数据未进行 URL 编码

其中，https://www.baidu.com/s 为 URL；问号（?）后面为传输的数据。每个数据的格式均为"参数名=参数值"，如 ie=utf-8。由于有多个参数，因此每个参数之间使用&进行分隔。在这些参数中可以找到输入的关键词 fiddler，其格式为 wd=fiddler。由于 fiddler 为英文字母，因此直接被传递了，而没有进行 URL 编码。

（3）搜索"fiddler 工具"，成功显示与该搜索内容相关的信息，如图 5.6 所示。

图 5.6　显示"fiddler 工具"的相关信息

（4）查看捕获到的会话。可以看到传递的数据进行了 URL 编码，如图 5.7 所示。此时，可以看到 wd=fiddler%E5%B7%A5%E5%85%B7。其中，搜索的 fiddler 未进行 URL 编码。由于"工具"是中文字符，所以进行了 URL 编码，结果为%E5%B7%A5%E5%85%B7。最终，将编码后的数据添加到 URL 后面发送给了服务器。

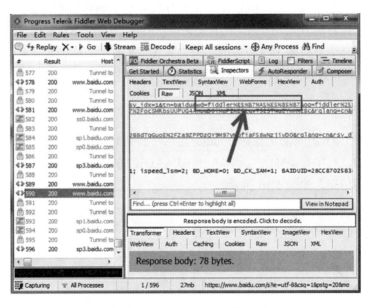

图 5.7　对数据进行了 URL 编码

2．URL编码

为了方便用户构建和分析这类编码字符串，Fiddler 自带了 URL 编码和解码功能。用户可以输入数据进行 URL 编码，查看编码后的信息。在菜单栏中依次选择 Tools|TextWizard 命令，弹出 TextWizard 对话框，如图 5.8 所示。

图 5.8　TextWizard 对话框

　　图 5.8 中上半部分用来输入信息，下半部分用来显示编码后的信息。在 Transform 下拉列表中可以选择转换方式。例如，对中文字符"工具"进行 URL 编码，选择 URLEncode 转换方式。在下半部分将显示编码后的结果，如图 5.9 所示。将中文字符"大学霸"进行 URL 编码，其结果为%E5%A4%A7%E5%AD%A6%E9%9C%B8。

3．URL解码

　　URL 解码是 URL 编码的逆操作。Fiddler 自带了解码功能。解码时需要选择URLDecode 转换方式。例如，对字符串%E5%A4%A7%E5%AD%A6%E9%9C%B8 进行解码，在下半部分将显示解码结果，如图 5.10 所示。

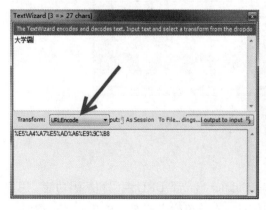

图 5.9　URL 编码

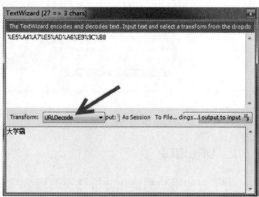

图 5.10　URL 解码

4．快速查看传输的数据

如果网址特别长，需要左右拖动状态条才能查看。Fiddler 提供了快速查看功能。选择会话，在 HTTP 请求部分单击 WebForms 标签，将在列表中显示传输的数据信息，如图 5.11 所示。

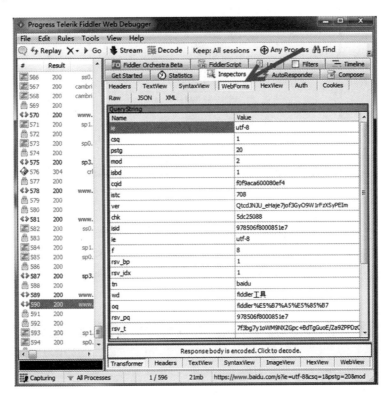

图 5.11　查看传输的数据

5.2.3　POST 请求方法

由于 URL 长度受限，GET 请求方法能传递的数据有限。HTTP 提供了 POST 请求方法，用于向服务器发送更多数据。这些数据包含在响应体中，例如，客户端输入用户名和密码提交表单进行登录时，往往产生 POST 请求。当 Fiddler 捕获到对应的会话，就可以查看用户提交的表单信息了。

【实例 5-2】捕获用户提交的表单信息。

（1）启动 Fiddler，填写注册邮箱的信息，如图 5.12 所示。

图 5.12 注册邮箱

（2）单击"立即注册"按钮，将这些数据提交给服务器。Fiddler 捕获到相应的会话，如图 5.13 所示。在请求行中可以看到请求方式为 POST，并且在请求体中看到了提交的相关信息，如 name=zjh123smz。其中，zjh123smz 就是注册信息时填写的邮件用户名。

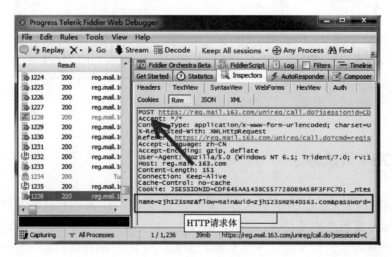

图 5.13 POST 请求方式

（3）切换到 WebForms 选项卡，也可以看到填写的相关信息，如图 5.14 所示。

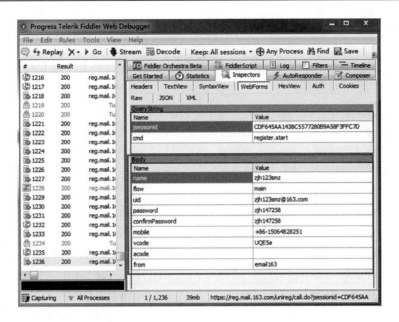

图 5.14　表单信息

5.3　客户端信息

HTTP 请求的第二部分为请求头。该部分包含许多字段，并以"属性名:属性值"的格式进行显示。通过这些字段，用户可以了解到客户端信息。

5.3.1　可接受信息

客户端向服务器发出请求后，服务器会根据请求返回相应的信息。而返回的信息必须是客户端支持的格式。因此在发出请求时，客户端必须告诉服务器自己可接受哪些类型的数据。下面介绍 HTTP 请求所包含的相关信息。

1. 可接受的媒体类型

HTTP 请求的资源可能涉及多种类型，如图片、音频、视频等。在请求头中，Accept 字段表示客户端可以接受的媒体类型。该字段的语法格式如下：

```
Accept:type;params=val
```

其中，type 表示媒体类型。多个类型之间使用逗号（,）进行分隔；params 表示媒体类型的参数，val 为参数值。参数与媒体类型之间使用分号（;）进行分隔。常见的媒体类型如表 5.1 所示。

表 5.1　媒体类型及含义

媒 体 类 型	含　义
/	所有媒体类型
application/xhtml+xml	所有XHTML格式
application/xml	所有XML数据格式
application/atom+xml	所有Atom XML聚合格式
application/json	所有JSON数据格式
application/pdf	所有PDF格式
application/msword	所有Word文档格式
application/octet-stream	所有二进制流数据
application/javascript	所有JavaScript文本类型
image/*	所有图片类型
image/gif	所有GIF格式图片类型
text/html	所有HTML文本类型
text/css	所有CSS文本类型
text/*	所有文本类型
text/plain	所有纯文本类型

下面通过 Fiddler 查看客户端可接受的媒体类型，如图 5.15 所示。

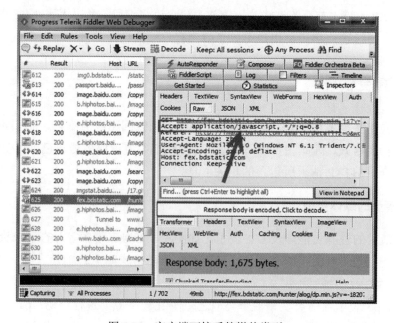

图 5.15　客户端可接受的媒体类型

其中，Accept 字段的值为 application/javaScript, */*;q=0.8，表示客户端可接受 JavaScript 文本类型和所有媒体类型。其中，q 表示相对品质因子，代表媒体类型的质量值。取值范围为 0～1，默认值为 1。因此，该字段最终表示，客户端最想接受的类型是 JavaScript 文本类型，但是也会接受所有媒体类型。

2. 可接受的编码方式

编码方式是指通过特定的计算技术，将一种格式转换为另一种格式。请求头的 Accept-Encoding 字段表示客户端可以接受的编码方式。该字段的语法格式如下：

```
Accept-Encoding: codings params=val
```

其中，codings 表示编码方式。常见的编码方式及其含义如表 5.2 所示。

表 5.2　编码方式及其含义

编 码 方 式	含　　义
*	支持所有编码方式
compress	支持compress编码方式
gzip	支持gzip编码方式
deflate	支持zilb编码方式

下面查看客户端支持的编码方式，如图 5.16 所示。其中，Accept-Encoding 字段值为 gzip, deflate，表示客户端支持 gzip 和 deflate 压缩。

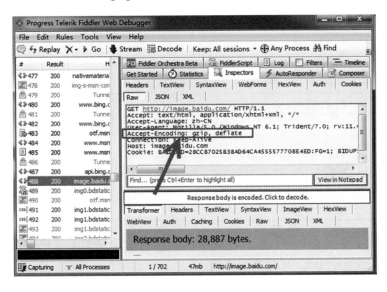

图 5.16　客户端支持的编码方式

3．可接受的语言类型

很多网站为了让更多浏览者访问，提供了多语言版本。这时，就可以在请求头中使用
Accept-Language 字段，指定客户端可以接受哪些语言。该字段的语法格式如下：

```
Accept-Language: language params=val
```

其中，language 表示语言。常见的语言及其含义如表 5.3 所示。

表 5.3　编码方式及其含义

语 言 类 型	含 义
*	所有语言
da-DK	丹麦语
de-DE	德语
el-GR	希腊语
en-CA	加拿大英言
en-GB	美国英语
en-US	英国英语
fr-FR	法国法语
it-IT	意大利语
ja-JP	日语
ko-KR	韩国韩语
mn-MN	蒙古语
nl-NL	荷兰语
pt-BR	巴西葡萄牙语
pt-PT	葡萄牙语
ru-RU	俄语
sv-SE	瑞典语
tr-TR	土耳其语
ur-PK	巴基斯坦语
vi-VN	越南语
zh-CN	简体中文

提示：语言类型分为两部分，前半部分为语言，后半部分为国家或地区。例如，zh-CN，
其中 zh 表示中文，CN 表示中国。

下面查看客户端支持的语言，如图 5.17 所示。其中，Accept-Language 字段的值为
zh-CN，表示客户端支持简体中文。

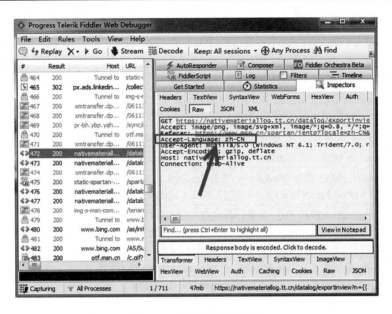

图 5.17　客户端支持的语言

5.3.2　用户代理

请求头中的 User-Agent 字段信息表示客户端使用的操作系统及其版本、CPU 类型、浏览器及其版本等信息。该字段的语法格式如下：

```
User-Agent: 1*( product | comment )
```

其中，product 表示产品类型；comment 表示注释信息。常见的代理类型及含义如表 5.4 所示。

表 5.4　代理类型及其含义

代 理 类 型	含 义
Mozilla/4.0 (compatible; MSIE 6.0; Windows NT 5.1)	IE 6.0
Mozilla/4.0 (compatible; MSIE 7.0; Windows NT 6.0)	IE 7.0
Mozilla/4.0 (compatible; MSIE 8.0; Windows NT 6.0; Trident/4.0)	IE 8.0
Mozilla/5.0 (compatible; MSIE 9.0; Windows NT 6.1; Trident/5.0;	IE 9.0
Mozilla/5.0 (Macintosh; Intel Mac OS X 10.6; rv,2.0.1) Gecko/20100101 Firefox/4.0.1	Firefox 4.0.1 – MAC
Mozilla/5.0 (Windows NT 6.1; rv,2.0.1) Gecko/20100101 Firefox/4.0.1	Firefox 4.0.1 – Windows
Opera/9.80 (Macintosh; Intel Mac OS X 10.6.8; U; en) Presto/2.8.131 Version/11.11	Opera 11.11 – MAC

（续）

代 理 类 型	含　义
Opera/9.80 (Windows NT 6.1; U; en) Presto/2.8.131 Version/11.11	Opera 11.11 – Windows
Mozilla/5.0 (Macintosh; Intel Mac OS X 10_7_0) AppleWebKit/535.11 (KHTML, like Gecko) Chrome/17.0.963.56 Safari/535.11	Chrome 17.0 – MAC
Mozilla/4.0 (compatible; MSIE 7.0; Windows NT 5.1; Maxthon 2.0)	傲游（Maxthon）
Mozilla/4.0 (compatible; MSIE 7.0; Windows NT 5.1; TencentTraveler 4.0)	腾讯TT
Mozilla/4.0 (compatible; MSIE 7.0; Windows NT 5.1; Trident/4.0; SE 2.X MetaSr 1.0; SE 2.X MetaSr 1.0; .NET CLR 2.0.50727; SE 2.X MetaSr 1.0)	搜狗浏览器1.x
Mozilla/5.0 (compatible; MSIE 9.0; Windows NT 6.1; WOW64; Trident/5.0; SLCC2; .NET CLR 2.0.50727; .NET CLR 3.5.30729; .NET CLR 3.0.30729; Media Center PC 6.0; InfoPath.3; .NET4.0C; .NET4.0E)	360浏览器3.0–Win7
Mozilla/5.0 (Windows NT 6.1) AppleWebKit/535.1 (KHTML, like Gecko) Chrome/13.0.782.41 Safari/535.1 QQBrowser/6.9.11079.201	QQ浏览器6.9（极速模式）–Win7

　　下面查看客户端的 UA 信息，如图 5.18 所示。其中，Windows NT 6.1 表示客户端操作系统的内核版本，WOW64 表示客户端是 64 位操作系统。

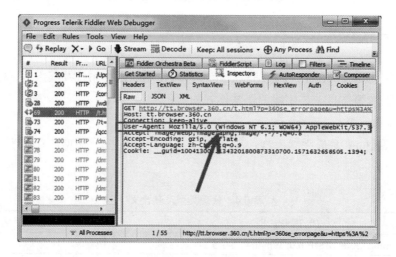

图 5.18　客户端的 UA 信息

5.4　其 他 字 段

　　除了上面介绍的字段以外，请求头还包含其他字段。下面介绍其余一些常见的字段及其作用。

5.4.1　引用网址

客户端访问网页往往有两种方式。第一种，直接在地址栏中输入网址进行访问。第二种，在当前网页 A 中单击一个链接，进入到对应的网页 B。第一种访问方式的 HTTP 请求中不会显示引用网址，因为它没有起始网址。在第二种访问方式中，网页 B 的 HTTP 请求中会出现一个 Referer 字段，用来显示引用网址（网页 A 的网址），表示该页面是从网页 A 处跳转过来的。其中，Referer 字段的语法格式如下：

```
Referer : ( absoluteURL | relativeURL )
```

其中，absoluteURL 表示绝对的 URL，relativeURL 表示相对的 URL。

【实例 5-3】演示 Referer 字段的作用。

（1）在浏览器中，访问百度首页，如图 5.19 所示。该网页的网址为 https://www.baidu.com/。在该页面中，包含一个"新闻"链接。

图 5.19　百度首页

（2）单击"新闻"链接，将会跳转到对应的页面，成功显示新闻网页，如图 5.20 所示。该页面的网址为 http://news.baidu.com/。

图 5.20　新闻网页

（3）Fiddler 捕获到访问"新闻"链接的会话。该会话请求中包含 Referer 字段，如图 5.21 所示。其中，Referer 字段的值是百度首页的网址 https://www.baidu.com/，表示当前页面是从百度首页跳转过来的。

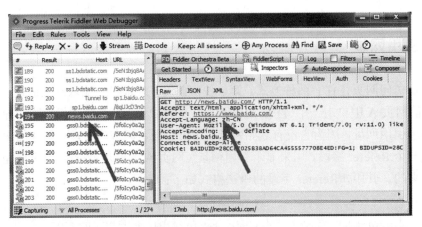

图 5.21　查看引用网址

5.4.2　传输方式

客户端可以从服务器上获取信息。那么，客户端是通过哪种传输方式找到服务器从而获取信息的呢？下面介绍传输方式的相关字段。

1．请求连接方式

HTTP 是基于 TCP 协议工作的。因此，在发送 HTTP 请求之前，需要先建立 TCP 连接。只有成功建立了 TCP 连接，客户端才可以发送 HTTP 请求，服务器才会返回响应。当不再进行请求时，就需要断开连接。该过程为"建立连接"→"客户端发送 HTTP 请求"→"服务器进行响应"→"断开连接"。这个过程在 Fiddler 中表现为一个会话。

如果一个页面中包含许多张图片，而这些图片又来自同一个 Web 站点，那么在请求该页面时，每请求一张图片后就断开连接，然后在请求下一张图片时，重新建立连接。这样，非常浪费资源。为了避免这个问题，HTTP/1.0 以后的版本使用了持久连接。它只需要与 Web 站点建立一次连接，然后依次请求该站点中的图片，并返回响应，直到所有的请求完成后断开连接。在 HTTP 请求头中使用 Connection 字段来表明请求的连接方式，该字段的语法格式如下：

```
Connection :connection-token
```

其中，connection-token 表示控制命令，用到的控制命令及其含义如下：

- keep-alive：持久连接。只建立一次连接，多次资源请求都复用该连接，完成后关闭。
- close：关闭连接。每次请求一个资源都建立连接，请求完成后连接立刻关闭。

【实例 5-4】访问站点，查看此次请求的连接方式。

（1）在浏览器的地址栏中输入网址 https://www.sina.com.cn/，访问新浪网站，如图 5.22 所示。可以看到，该网页中包含许多张图片。

图 5.22　新浪网站

（2）使用 Fiddler 捕获发送本次请求产生的会话，在 Session 列表中会捕获到多个会话，如图 5.23 所示。其中，第 69 个会话是请求站点的会话。该会话响应头中 Connection 字段的值为 keep-alive，表示该请求使用的是持久连接。Session 列表中出现的其他图片会话与请求站点使用了同一个连接。

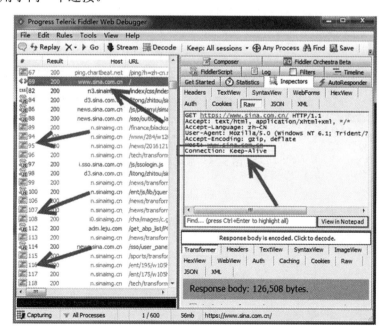

图 5.23　捕获到的会话

2．使用域名请求

域名（Domain Name）是用来标识 Internet 上某一台或一组计算机的名称。服务器往往提供多个不同的域名。当客户端访问信息时，服务器需要知道客户端要访问哪个域名下的 URL。因此，客户端在请求中需要使用 Host 字段，向服务器提供自己想要访问的那台机器的 Internet 主机名和端口。Host 字段的语法格式如下：

```
Host :host:[:port]
```

其中，host 表示资源服务器的域名，port 表示对应的 TCP 端口。

查看会话中 Host 的字段信息，如图 5.24 所示。图中 Host 的值为 i1.sinaimg.cn，表示该会话的域名。请求行的网址 https://**i1.sinaimg.cn**/dy/deco/2013/0329/logo/LOGO_1x.png 中包含该域名。

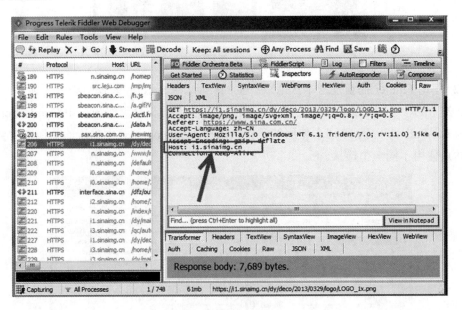

图 5.24　域名信息

第 6 章　HTTP 响应

HTTP 响应指的是服务器收到客户端发来的 HTTP 请求后返回给客户端的消息。这些信息包含客户端显示的网页、图片和 Cookie 等各种信息。本章将详细讲解 HTTP 响应的构成和分析方式。

6.1　HTTP 响应的构成

在 Session 列表的右侧选择 Inspectors 选项卡，可以查看 HTTP 响应的相关信息，如图 6.1 所示。Fiddler 提供多个选项卡，用于查看 HTTP 响应信息。

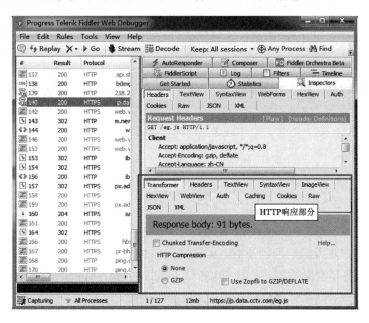

图 6.1　HTTP 响应部分

HTTP 响应消息由 3 部分构成，分别为响应行、响应头、响应体，其结构如图 6.2 所示。

其中，第一部分为响应行（response line）；第二部分为响应头（response header）；第三部分为响应体（response body）。响应头和响应体之间有一个空行。打开一个捕获的文件，选择一个会话，在 HTTP 响应部分中切换到 Raw 选项卡，可以查看 HTTP 响应的原始数据信息，如图 6.3 所示。

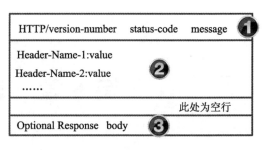

图 6.2　响应消息结构图

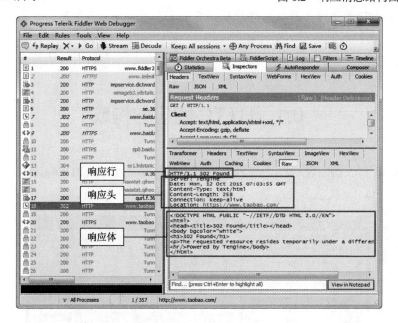

图 6.3　HTTP 响应信息

6.2　预　处　理

服务器向客户端发送响应消息时，如果响应消息的内容很大，为了减少在传输过程中花费的时间，服务器会对数据进行压缩编码。Fiddler 捕获这样的响应包后，默认会自动识别并进行解码处理。但有时会识别错误，造成解码失败。这时，在分析之前要进行预处理，用户需要手动设置进行解码。Transformer 选项卡提供了解码选项，如图 6.4 所示。

图 6.4 中的信息分为 3 部分。第一部分表示响应体的大小；第二部分表示是否进行分块传输编码；第三部分表示是否进行内容压缩编码。其中，第三部分提供了一些内容压缩编码类型，供用户选择，其含义如下：

- None：没有进行内容压缩编码。
- GZIP：使用 GNU ZIP 格式进行压缩编码。
- DEFLATE：使用 ZLIB 格式进行压缩编码。
- BZIP2：使用 BZIP2 格式进行压缩编码。
- Brotli：基于 LZ77 算法进行压缩编码。
- Use Zopfli to GZIP/DEFLATE：使用 Zopfli 算法进行 GZIP/DEFLATE 压缩编码。

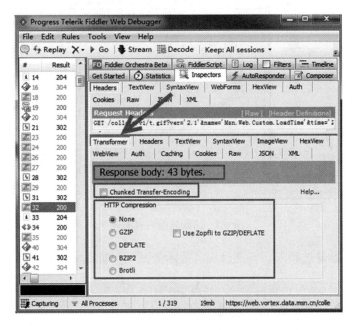

图 6.4　Transformer 选项卡

6.2.1　内容压缩编码

内容压缩编码是指服务器对响应报文中的响应体进行编码，以压缩的方式减少数据的传输量。如果响应进行了内容压缩编码，Fiddler 没有自动处理，就需要用户进行设置了。

【实例 6-1】对响应内容进行预处理。

（1）未成功处理的内容编码，在 HTTP 响应部分的上方会出现黄色栏 Response body is encoded. Click to decode，并且在 Transformer 选项卡的第三部分显示了内容编码的类型，如图 6.5 所示。从图中可以看到，此时的内容编码类型为 GZIP，编码后的响应体大小为 7833 字节，最下方的信息表示响应体的原始大小为 13845 字节，经过 GZIP 编码压缩了 43.4%。

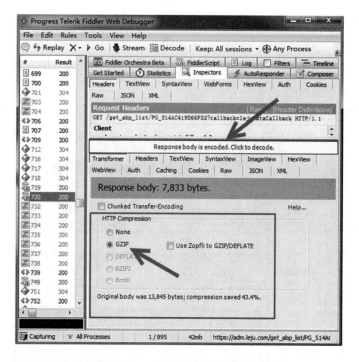

图 6.5　未处理的内容编码

（2）切换到 Raw 选项卡，响应体内容显示为乱码，如图 6.6 所示。

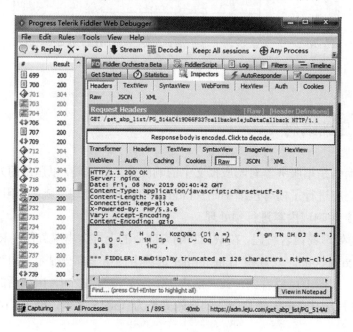

图 6.6　编码后的响应体

（3）单击黄色提示信息 Response body is encoded. Click to decode，响应体将成功解码，并且提示信息消失，如图 6.7 所示。

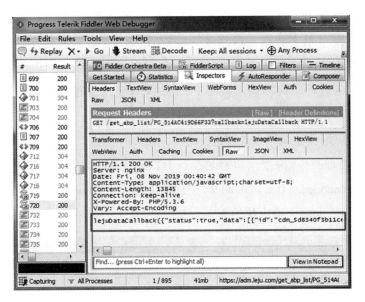

图 6.7　解码响应体

（4）返回 Transformer 选项卡，此时内容编码类型为 None，响应体的大小为原始大小，如图 6.8 所示。

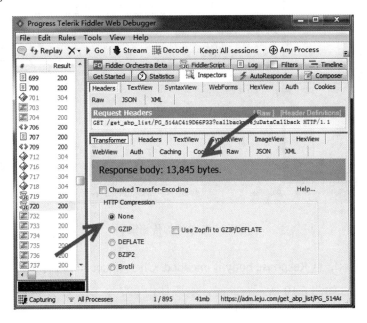

图 6.8　设置内容解码方式

6.2.2 传输编码

传输编码改变了报文数据在网络上传输的方式，对整个报文进行分块传输编码。针对比较大的响应报文，这种方式允许服务器一边生成数据，一边进行传输，从而节省时间。如果响应进行了传输编码，而 Fiddler 没有自动处理，就需要用户进行手动设置了。

【实例 6-2】启用传输编码预处理。

（1）未成功处理的传输编码，同样也会在 HTTP 响应部分的上方会出现黄色提示信息 Response body is encoded. Click to decode，并且默认勾选了 Chunked Transfer-Encoding 复选框，如图 6.9 所示。此时，响应体的大小为 997 字节。

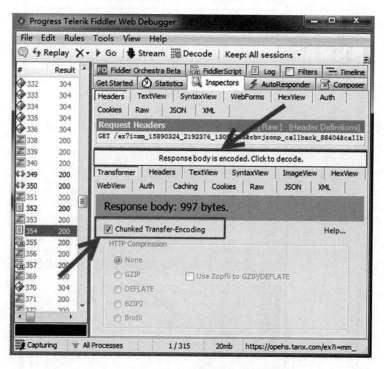

图 6.9　未处理的传输编码

（2）单击提示信息 Response body is encoded. Click to decode 进行解码。解码后，将取消勾选的复选框，如图 6.10 所示。此时，响应体由 997 字节变为了 985 字节。

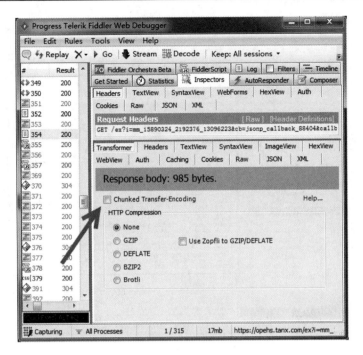

图 6.10　设置压缩的解码方式

6.3　响　应　行

响应行由三部分组成，如图 6.2 所示。其中，HTTP/version-number 表示 HTTP 的版本号；status-code 表示响应状态码；message 表示状态消息。下面根据状态码分析常见的响应行。

6.3.1　200 OK

状态码 200（成功请求会话）是会话中最常见的响应状态码。它表示该请求成功完成，客户端已获取相应的请求资源。虽然成功请求了资源，但不代表服务器会成功返回资源的内容。

1. 返回请求资源的内容

成功请求会话后，如果服务器返回了请求资源的内容，那么在响应中会包含响应体。例如，打开百度首页，捕获会话查看会话的响应行，如图 6.11 所示。从图中的响应行可以看到会话使用的协议为 HTTP/1.1，响应状态码为 200，状态消息为 OK，在响应中包含响应体。

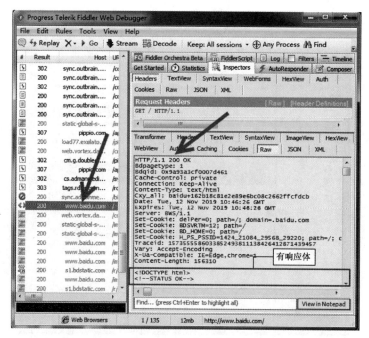

图 6.11　包含响应体

2．不返回请求资源的内容

有时候服务器不会返回响应体，如图 6.12 所示。

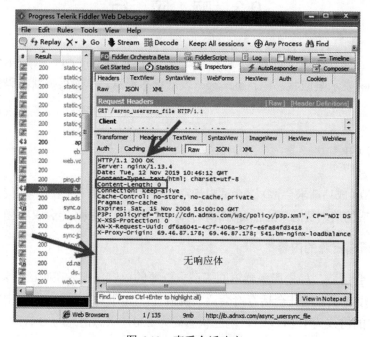

图 6.12　查看会话响应

从图 6.12 中可以看出，该会话同样只有响应行和响应头，没有响应体。响应头中的 Content-Length：0 表示内容信息为 0。复制该会话的 URL，在浏览器中进行访问，效果如图 6.13 所示。从图中可以看到，地址栏中出现了该会话的 URL，但页面却显示了一个空白界面。

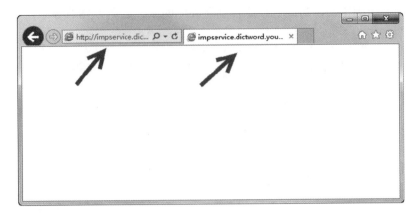

图 6.13　查看结果

6.3.2　204 No Content

状态码 204（无内容）的会话表示服务器成功处理了请求，但没有返回任何实质内容。这时，服务器返回给客户端的响应只有响应行和响应头，没有响应体。打开一个捕获的文件，找到状态码为 204 的会话，查看会话的响应行，如图 6.14 所示。

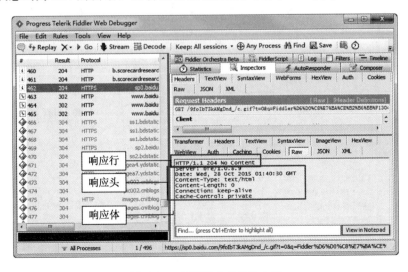

图 6.14　查看无响应体的会话

从图 6.14 中的响应行可以看出，会话使用的协议为 HTTP/1.1，响应状态码为 204，状态消息为 No Content。该响应行表示服务器成功处理了客户端的请求，但没有返回任何内容。

【实例 6-3】选择图 6.14 中第 462 个会话。该会话的状态码为 204，表示无响应体。下面演示这类响应对浏览的影响。

（1）打开一个浏览器，访问一个除百度之外的网站，如图 6.15 所示。

图 6.15　浏览器界面

（2）右击第 462 个会话，依次选择 Copy|Just Url 命令。在浏览器中访问该网页，效果如图 6.16 所示。

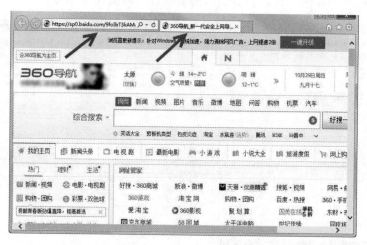

图 6.16　查看结果

此时，地址栏已经出现百度的 URL，但浏览器的页面没有任何变化。

6.3.3　301 Moved Permanently 和 302 Found

状态码 301 和 302 是重定向状态码，用来告诉浏览器客户端，它们访问的资源已被移动。此时，Web 服务器会发送一个重定向状态码和一个可选的 Location Header，告诉客户端新的资源地址。然后，浏览器客户端会自动访问 Location Header 指定的资源。其中，状态码 301 和 302 的区别如下：

- 301 Moved Permanently（永久移除）：表示客户端请求的 URL 已移走，响应行中包含一个 Location URL，说明资源现在的位置。服务器返回此响应时，客户端会自动访问这个新位置。
- 302 Found（找到）：与状态码 301 类似，但这里的移除是临时的。客户端会使用 Location 中给出的 URL，重新发送新的 HTTP 请求。

【实例 6-4】演示此类状态码对应的会话的作用。我们通过访问网站捕获此类状态的会话，并进行分析。

（1）启动 Fiddler，在浏览器中访问 http://map.google.cn。捕获会话后，找到状态码 301 的会话，并查看会话响应，如图 6.17 所示。

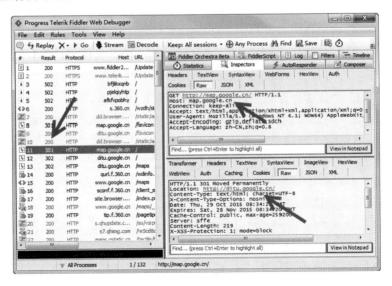

图 6.17　查看状态码为 301 的会话

其中，第 11 个会话的响应状态码为 301。在请求行中，请求的资源为 http://map.google.cn，正是浏览器中输入的地址。其中，301 Moved Permanently 表示永久移除，字段 Location: http://ditu.google.cn/告诉客户端新资源的位置。客户端会自动发送一个请求，访问 http://ditu.google.cn/，产生第 12 个会话。

（2）选择第 12 个会话，查看会话的响应，如图 6.18 所示。

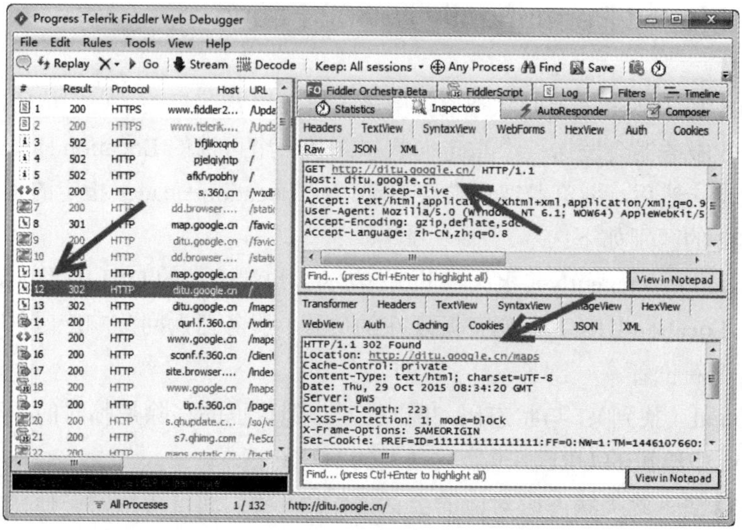

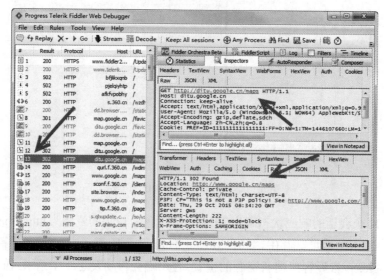

图 6.18　查看第 12 个会话

图 6.18 选中的会话的响应状态码为 302，表示继续重定向。在该会话的请求行中，可以看到步骤（1）中指定的网址是 http://ditu.google.cn/，代表该会话的确访问的是这个网址。由于还会重定向，在响应行中可以看到 302 Found，以及 Location:http://ditu.google.cn/maps。该信息表示客户端要访问的资源在这里，继续通过这个地址去访问。接下来客户端仍会自动发送一个请求，访问 http://ditu.google.cn/maps。

（3）选择第 13 个会话，查看会话的响应，如图 6.19 所示。

图 6.19　查看第 13 个会话

图 6.19 中选中的会话的响应状态码为 302，还需要重定向。在该会话的请求行中可以看到步骤（2）中指定的网址是 http://ditu.google.cn/maps，代表该会话的确访问的是这个网址。由于还会重定向，在响应行中可以看到 302 Found，以及 Location:http://www.google.cn/maps，意思是告诉客户端要访问的资源在这里，继续通过这个地址去访问。接下来客户端仍会自动发送一个请求，去访问 http://www.google.cn/maps。

（4）选择第 15 个会话，查看会话的响应，如图 6.20 所示。

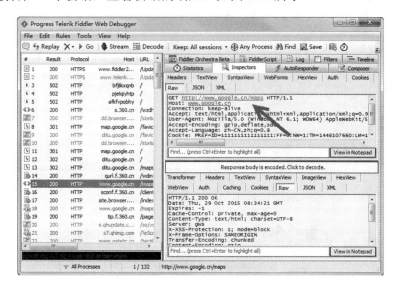

图 6.20　查看第 15 个会话

从图 6.20 中可以看到，会话的响应状态码为 200，代表请求成功。在该会话的请求行中可以看到请求的 URL 为 http://www.google.cn/maps，即第 13 个会话重定向所指的地址。此时，状态码为 200 OK，表示客户端已成功发出请求。

6.3.4　304 Not Modified

状态码 304（未修改）表示客户端上次请求并缓存的资源并没有修改，客户端可以直接使用缓存中的资源。在 Fiddler 中，选择状态码为 304 的会话，查看会话的响应行，如图 6.21 所示。

图 6.21 选中的会话的状态码为 304，状态消息为 Not Modified。这表示服务器成功处理了客户端的请求，但没有返回任何内容。状态码为 304 和 204 的会话都不会返回内容，但是状态码为 304 的会话的请求资源仍然可以访问。例如，该会话请求网址为 https://www.baidu.com/img/bd_logo1.png，表示一个图片资源。在浏览器中访问该网址，可以成功看到图片信息，如图 6.22 所示。

从实践中学习 Fiddler Web 应用分析

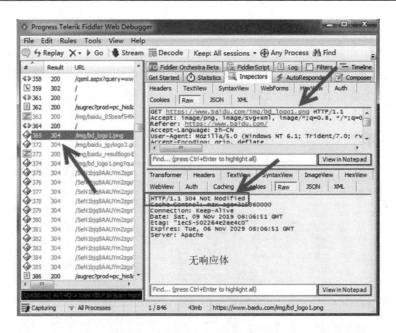

图 6.21　查看未修改的会话

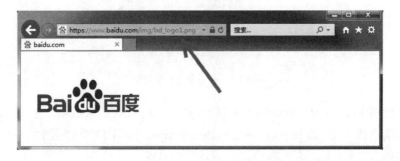

图 6.22　请求资源可以访问

6.3.5　401 N/A

状态码 401（未授权）表示服务器要求客户端进行身份认证，客户端需要正确输入用户名和密码才能获取资源的访问权。

【实例 6-5】捕获登录路由器操作产生的会话，查看并分析会话的状态码和响应。

（1）在地址栏中输入路由器的网关地址，本例为 192.168.12.1，弹出身份认证对话框，如图 6.23 所示。

（2）当输入的用户名或密码错误时，将产生 401 响应信息。使用 Fiddler 捕获会话并进行查看，如图 6.24 所示。

·134·

图 6.23　需要身份认证

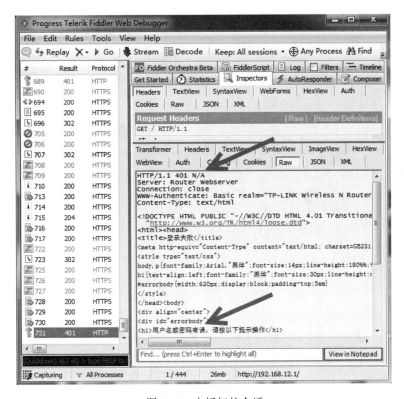

图 6.24　未授权的会话

6.3.6　404 Not Found

状态码 404（未发现）表示请求的网页不存在，如输入的 URL 错误。启动 Fiddler，通过浏览器访问 http://www.cnblogs.com/tesdf.aspx，查看捕获的会话，如图 6.25 所示。

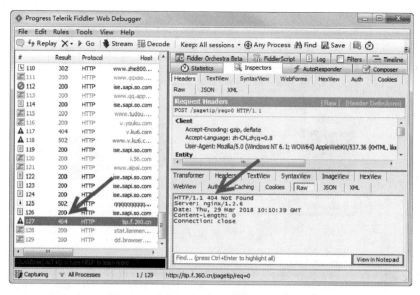

图 6.25　查看状态码为 404 的会话

第 127 个会话的状态码为 404，状态消息为 Not Found。这代表请求的网页不存在。返回浏览器，查看效果，如图 6.26 所示。

图 6.26　网页不存在

6.3.7　501 Not Implemented

状态码 501（未能实现）表示由于服务器无法满足客户端请求的某个功能，从而导致未能实现客户端的请求。例如，客户端访问路由器的管理页面时，如果在登录界面中没有输入认证信息而直接关闭页面，将会产生状态码为 501 的会话。查看该类型的响应信息，如图 6.27 所示。

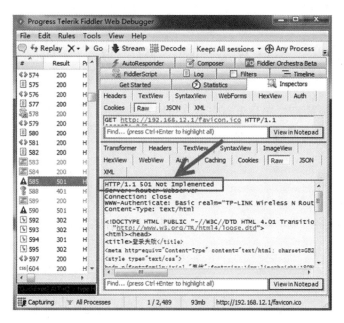

图 6.27　未能实现的会话

6.3.8　502 DNS Lookup Failed 或 Connection Failed

状态码 502（DNS 查询失败或连接失败）表示由于服务器的网关故障，从而导致连接失败。例如，访问网址 http://www.dd.pm19n.cn/favicon.ico 将会产生状态码为 502 的会话，查看响应信息，如图 6.28 所示。

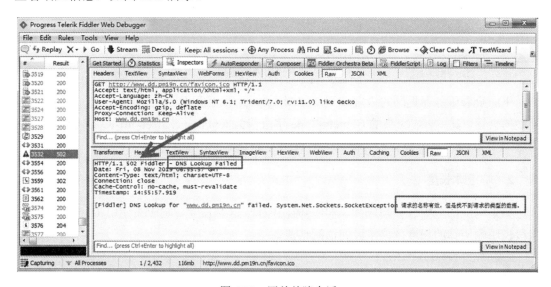

图 6.28　网关故障会话

6.4 响 应 头

HTTP 响应构成的第二部分为响应头。与请求头类似，响应头也包含大量字段。通过这些字段可以了解响应的内容信息和服务器信息。

6.4.1 内容信息

服务器在响应客户端的请求时，要告诉客户端响应内容的相关信息，如内容长度和内容类型等。

1. 内容类型

服务器会在响应头中使用 Content-Type 字段，描述响应体的媒体类型。该字段的语法格式如下：

```
Content-Type: media-type;charset=val
```

其中，media-type 表示媒体类型；charset 表示使用的字符集类型，并使用分号（;）与媒体类型进行分隔。常见的 charset 值及其含义如表 6.1 所示。

表 6.1　charset值及其含义

charset值	含　义
utf-8	针对Unicode的一种可变长度字符编码
big5	繁体中文编码
gb2312	中文编码
iso-8859-1	西欧的编码

下面查看服务器返回的内容类型，如图 6.29 所示。这里选择的会话是一个 CSS 文件类型的会话。其中，响应头的 Content-Type 字段值为 text/css; charset=utf-8，表示服务器的内容类型为 CSS 文本类型，并使用了 UTF-8 字符集。

2. 响应体长度

如果响应部分中包含响应体，响应体往往有一定的长度。响应头使用 Content-Length 字段说明响应体的长度。该字段的语法格式如下：

```
Content-Length:DIGIT
```

其中，DIGIT 表示响应体的长度，单位为字节。

下面查看会话的响应体长度，如图 6.30 所示。

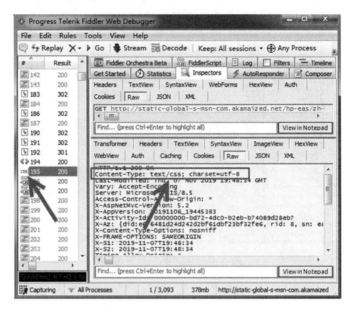

图 6.29　服务器的内容类型

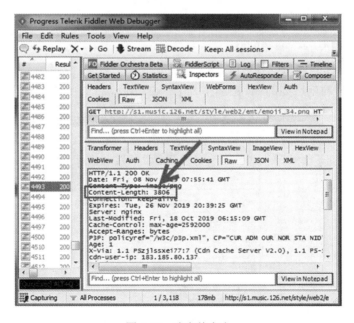

图 6.30　响应体大小

其中，Content-Length 字段值表示该图片会话的响应体大小为 3806 字节。切换到 Transformer 选项卡，也可以查看响应体长度，如图 6.31 所示。

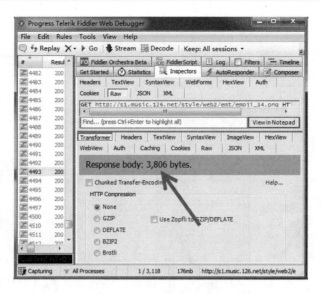

图 6.31　查看响应体长度

3．内容的编码类型

6.2 节讲到了内容编码。如果服务器对响应体进行了内容编码，它会在响应头中使用 Content-Encoding 字段说明内容的编码类型。该字段的语法格式如下：

```
Content-Encoding:content-coding
```

其中，content-coding 表示内容的编码类型。

下面查看响应对响应体的编码类型，如图 6.32 所示。

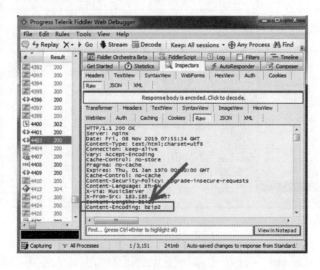

图 6.32　查看响应体的编码类型

其中，Content-Encoding 字段值为 bzip2，表示响应体采用了该类型的编码方式。此时，Transformer 选项卡的 HTTP Compression 选项框中的 BZIP2 单选按钮会被选中，如图 6.33 所示。

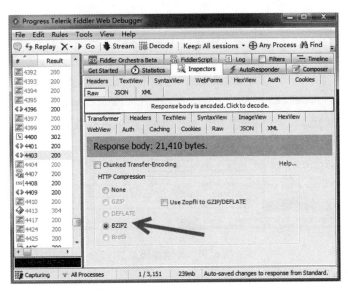

图 6.33　验证内容编码类型

⚠提示：如果响应头中没有 Content-Encoding 字段，表示响应体没有进行内容编码。

4．传输编码类型

如果服务器改变了数据在网络上传输的方式，使用了传输编码，它会在响应头中使用 Transfer-Encoding 字段来说明传输编码的类型。该字段的语法格式如下：

```
Transfer-Encoding:transfer-coding
```

其中，transfer-coding 表示传输编码格式。常见的传输编码及其含义如表 6.2 所示。

表 6.2　传输编码及含义

传 输 编 码	含　　义
chunked	数据以一系列分块的形式进行发送
compress	采用Lempel-Ziv-Welch（LZW）压缩算法
deflate	在RFC 1950中使用ZLIB结构，在RFC 1951中使用DEFLATE压缩算法
gzip	使用Lempel-Ziv编码（LZ77）的格式
identity	不进行压缩或修改

下面查看响应传输编码类型，如图 6.34 所示。

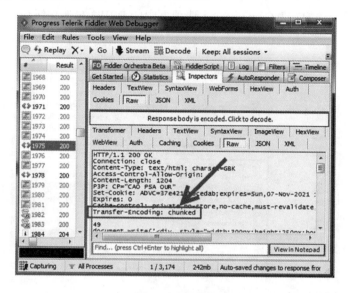

图 6.34　传输编码类型

其中，Transfer-Encoding 字段的值为 chunked，表示响应体采用了分块方式传输。此时，Transformer 选项卡的 Chunked Transfer-Encoding 复选框是选中的，如图 6.35 所示。

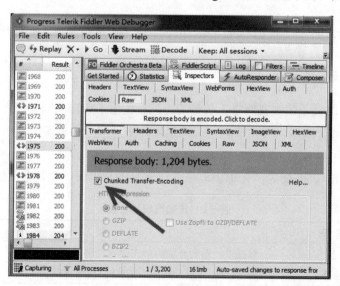

图 6.35　对响应体进行了传输编码

💬提示：如果响应头中没有 Transfer-Encoding 字段，表示响应体没有进行传输编码。

6.4.2　服务器信息

通过响应头中的某些字段可以了解到服务器的相关信息。

1．服务器类型信息

不同的服务器设备其类型也是不同的，为了能够让客户端辨认自己，通常每个服务器都有自己的标识信息，可能是服务器的名字，也可能是一个服务器注释信息。服务器在返回响应信息时会在响应头中使用 Server 字段来说明服务器类型。该字段的语法格式如下：

```
Server:(product | comment)
```

其中，product 表示产品类型，comment 表示注释信息。

下面捕获登录路由器的会话，并查看会话的服务器信息，如图 6.36 所示。此时，Server 字段值为 Router webserver。其中，Router 为服务器类型，表示是一个路由器；webserver 是注释信息，表示网络服务器。路由器的登录地址为 192.168.0.1。

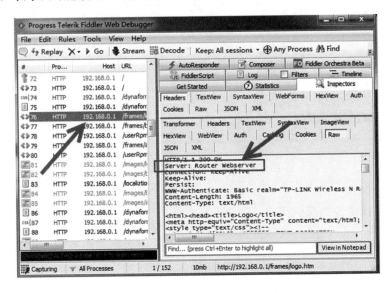

图 6.36　查看服务器信息

2．Web 应用框架信息

Web 应用框架（Web Application Framework）表示网站使用的开发技术和框架，如 ASP.NET、PHP 等。响应头使用 X-Powered-By 字段表示 Web 应用框架信息。该字段的语法格式如下：

```
X-Powered-By:framework
```

其中，framework 表示 Web 应用框架信息。

下面查看网站的 Web 应用框架信息，如图 6.37 所示。其中，X-Powered-By 字段值为 ASP.NET，表示 Web 使用的是 ASP.NET 框架。该框架是 Microsoft 推出的动态网页开发技术，可用于构建网站、应用程序和服务。

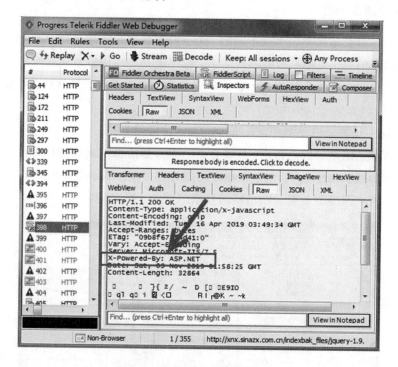

图 6.37　查看 Web 应用框架信息

3. 是否支持资源的部分请求

客户端在向服务器发出请求时，服务器往往返回请求资源的全部内容。有时候，客户端只需要请求资源的部分内容，这需要得到服务器的支持。响应头的 Accept-Ranges 字段用来显示服务器是否支持客户端只请求资源的一部分。该字段的语法格式如下：

```
Accept-Ranges:acceptable-ranges
```

其中，acceptable-ranges 表示是否支持。当值为 bytes 时，表示支持对资源的部分请求，请求的范围单位为字节；当值为 none 时，表示不支持对资源的部分请求。

下面查看服务器是否支持客户端对资源的部分请求，如图 6.38 所示。由于该字段的值为 bytes，说明百度网站支持部分请求。

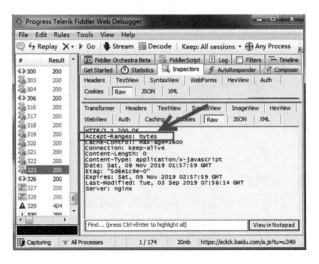

图 6.38　查看服务器是否支持部分请求

6.5　响　应　体

响应体就是服务器回应客户端请求的内容信息。它位于响应头信息之后，并使用一个空行与响应头进行分隔，如图 6.39 所示。该部分是客户端要展示的内容，如 HTML 代码、图片等。

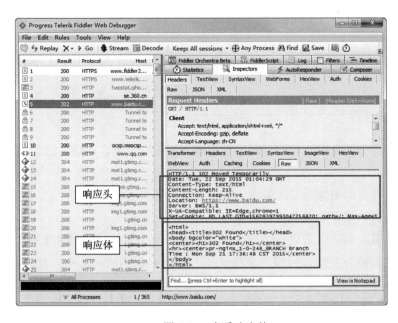

图 6.39　查看响应体

第 7 章 缓 存

缓存（cache）是一种数据备份机制。将客户端要访问的资源放到较为容易访问的位置可以提升访问速度。在 HTTP 会话中，使用缓存可以减少对源服务器的访问次数，从而减轻资源服务器的负担，提升网站的性能，同时客户端加载网页的速度也会更快。本章将讲解 HTTP 的缓存机制。

7.1 HTTP 缓存机制

HTTP 缓存是基于 HTTP 的浏览器对文件进行请求的缓存机制。该缓存机制决定了浏览器要访问的资源文件是从源服务器中读取还是从缓存中读取。下面介绍 HTTP 是如何实现缓存机制的。

7.1.1 HTTP 缓存工作原理

HTTP 缓存分为两种，分别为客户端缓存和服务端缓存。下面依次介绍每种缓存的工作原理。

1. 客户端缓存

客户端缓存指的是浏览器缓存或本地缓存，该缓存位于客户端，如浏览器。下面是它的工作原理。

（1）浏览器向源服务器发送请求，表示要请求资源，如图 7.1 所示。其中，浏览器存在缓存区，此时的缓存区没有任何信息。

（2）服务器收到请求后进行响应，如图 7.2 所示。客户端收到想要的请求资源信息，同时对资源文件进行复制，将资源文件副本存放到自己的缓存区中。此时，缓存区不再为空。

（3）当浏览器再次请求资源时，浏览器会先到自己的缓存区进行查看，如图 7.3 所示。该过程浏览器需要做两件事情：一是查看缓存中是否缓存了资源文件；二是对资源文件进行验证。

图 7.1　客户端请求资源　　　　　　　图 7.2　进行缓存

（4）如果缓存区中包含资源文件，并且该资源文件可用。浏览器缓存直接将资源信息返回给浏览器，浏览器不需要从源服务器获取资源信息，如图 7.4 所示。

图 7.3　客户端再次请求资源　　　　　　图 7.4　使用缓存文件

2．服务器端缓存

服务器端缓存指的是由反向代理服务器或内容分发网络（Content Delivery Network，CND）进行缓存。该缓存区域位于代理服务器中，下面是它的工作原理。

（1）浏览器向源服务器发送请求资源，该请求由代理服务器转发给源服务器，这时缓存区为空，如图 7.5 所示。

图 7.5　向服务器发送请求

（2）源服务器收到请求后返回响应信息，如图 7.6 所示。其中，代理服务器收到源服务器发来的响应信息，将其转发给浏览器，同时对资源文件进行复制，并将资源文件副本存放到自己的缓存区中。

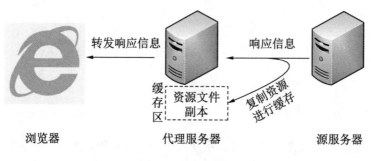

图 7.6　进行缓存

（3）当浏览器再次请求资源时，该请求先抵达代理服务器的缓存区，如图 7.7 所示。在该过程中，浏览器需要在代理服务器的缓存中查看请求资源文件是否被缓存，并进行验证。

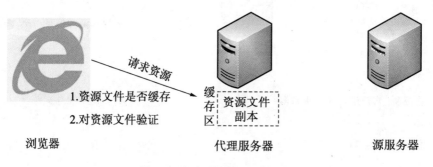

图 7.7　客户端再次请求资源

（4）如果代理服务器缓存区中包含资源文件，并且该资源文件可用，那么代理服务器缓存直接将资源信息返回给浏览器，浏览器不需要从源服务器获取资源信息，如图 7.8所示。

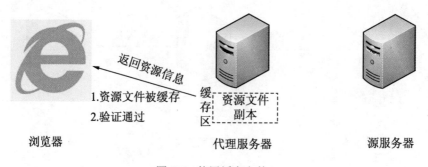

图 7.8　使用缓存文件

7.1.2　建立资源缓存信息

当浏览器第一次访问资源时，得到状态码为 200 的响应信息。该响应信息的头部包含当前资源的描述信息。浏览器在收到响应信息后，会根据这些描述信息选择性地对资源进行复制，并保存到自己的缓存区，为浏览器再次访问资源做准备。下面介绍响应信息包含的相关字段。

1．有效期

在缓存区中保存的资源文件副本是有期限制的。如果没有期限限制，那么浏览器每次访问该资源时，都会从缓存中读取资源文件进行使用，不会从源服务器中获取资源信息。这样，访问的资源永远是"旧"资源。即使源服务器对资源进行了更新，浏览器也不会访问到新资源。因此，在响应头信息中包含有效期字段，该字段使用 Expire 表示，其语法格式如下：

```
Expires:HTTP-date
```

其中，HTTP-date 表示资源在缓存中的到期日期和时间，格式为 RFC 7231 定义的日期格式，如 Expires: Thu, 01 Dec 2014 16:00:00 GMT。

缓存中将保存资源的有效期，如图 7.9 所示。从图中可以看到，在 2020 年 5 月 27 日星期日 01:19:59 之前，缓存中的 GET 请求资源是有效的。

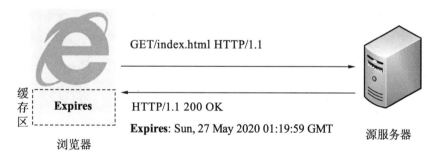

图 7.9　缓存的有效期信息

2．资源在源服务器上的最后修改时间

源服务端在返回资源时，会将该资源的最后更改时间通过 Last-Modified 字段返回给浏览器。浏览器会将该信息保存到缓存区。Last-Modified 字段的语法格式如下：

```
Last-Modified:HTTP-date
```

其中，HTTP-date 表示日期和时间，格式为 RFC 7231 定义的日期格式。

缓存中将保存资源在源服务器上最后的修改时间，如图 7.10 所示。从图中可以看到，缓存中 GET 请求的资源在服务器上最后的修改时间为 2016 年 11 月 7 日星期一 07:51:11。

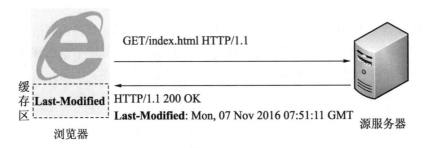

图 7.10　缓存资源在源服务器上最后的修改时间

3．资源标识符

资源标识符是根据实体内容生成的一段字符串，类似于 MD5 或 SHA1 的计算结果。它可以保证每一个资源是唯一的。资源发生变化就会导致资源标识符发生改变。在响应头中，使用 ETag 字段来表示资源标识符，其语法格式如下：

```
ETag:entity-tag
```

其中，entity-tag 表示资源标识符。

缓存中将保存资源标识符，如图 7.11 所示。从图中可以看到，缓存中 GET 请求的资源标识符为 50d3-59736b0c0b240。

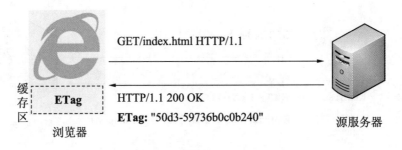

图 7.11　缓存资源标识符

7.1.3　根据有效期判断是否使用缓存

当浏览器第二次请求资源时，它不会直接将请求发送给源服务器，而是到缓存中进行查找。缓存中包含资源文件副本，并不代表该资源一定可用，需要做进一步的验证。它会拿有效期与当前的请求时间进行比较，如果请求时间在有效期之前，表示没有过期，浏览器直接使用缓存中的资源。反之，还需要进行下一步的验证，其判断流程如图 7.12 所示。

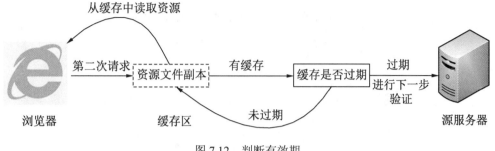

图 7.12 判断有效期

HTTP 判断有效期有以下两种方式。

1．根据Expires字段判断

Expires 字段的值是源服务器返回的一个绝对时间。该信息在会话响应部分 Headers 选项卡的 Cache 部分可以查看，如图 7.13 所示。

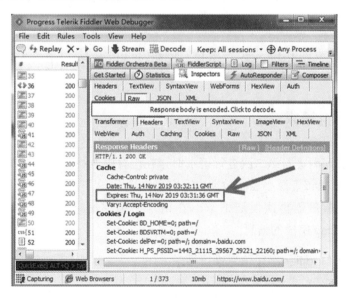

图 7.13 查看 Expires 字段的有效期

2．根据Cache-Control字段判断

由于 Expires 字段指定的有效期是一个绝对时间，所以当客户端本地时间被修改，源服务器与客户端时间偏差变大以后，就会导致缓存混乱。因此，出现了 Cache-Control 字段。该字段可以表示一个相对时间，以秒为单位，用数值表示。该信息也是在响应部分 Headers 选项卡的 Cache 部分查看，如图 7.14 所示。Cache-Control 字段值为 max-age=3600，

表示资源的有效期为 3600 秒。

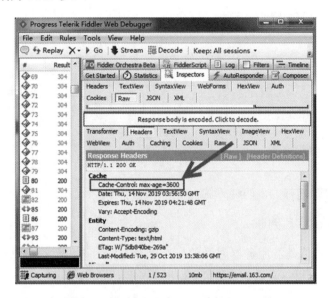

图 7.14　查看 Cache-Control 字段的有效期

📌提示：如果同时出现了 Expires 字段和 Cache-Control 字段，Cache-Control 字段的优先
级高于 Expires 字段。

7.1.4　基于缓存请求

7.1.3 小节讲到浏览器第二次进行请求时，在缓存中查找到资源文件副本以后，对有
效期进行判断。如果该资源不在有效期内，它会进行下一步验证。该验证实质上是，浏览
器基于缓存向源服务器再次发送请求。在请求的头部信息中会加上保存在缓存中的
Last-Modified 和 Etag 字段的信息。

1．包含Last-Modified字段信息进行请求

浏览器再次向源服务器请求资源时，会在请求头中使用 If-Modified-Since 字段加上保
存在缓存中的 Last-Modified 字段信息，该字段语法格式如下：

```
If-Modified-Since:HTTP-date
```

其中，HTTP-date 表示资源在服务器上最后的修改时间，也就是缓存中保存的
Last-Modified 字段值。浏览器再次请求，如图 7.15 所示。

2．包含Etag字段信息进行请求

浏览器再次向源服务器请求资源时，会在请求头中使用 If-None-Match 字段包含保存

在缓存中的 Etag 字段信息，该字段语法格式如下：

```
If-None-Match:entity-tag
```

其中，entity-tag 表示资源标识符，也就是缓存中保存的 Etag 字段值。浏览器再次请求，如图 7.16 所示。

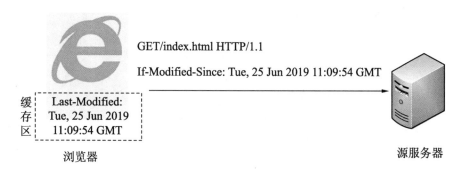

图 7.15　包含 Last-Modified 字段值进行请求

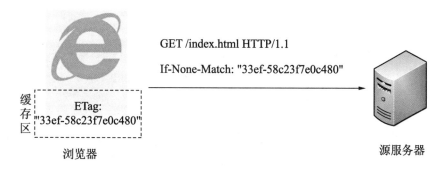

图 7.16　包含 Etag 字段值进行请求

7.1.5　根据 If-Modified-Since 字段判断是否使用缓存

浏览器发送带有 If-Modified-Since 字段的请求，其目的是为了要求源服务器验证缓存的资源是否可用。源服务器收到资源请求时，将浏览器传过来 If-Modified-Since 和资源在服务器上的最后修改时间（Last-Modified）进行比较。如果时间一致，源服务器返回状态码为 304 的响应信息，但不会返回资源内容。状态码 304 表示缓存中的资源是最近的、没有被修改过，浏览器可以直接使用。如果时间不一致，返回状态码为 200 的响应信息，源服务器返回新的资源内容，其判断流程如图 7.17 所示。

【实例 7-1】通过 Fiddler 判断请求的资源来自于缓存还是源服务器。

（1）在会话的请求头中，查看 If-Modified-Since 字段信息，如图 7.18 所示。请求头中，

If-Modified-Since 字段的值为 Thu, 24 Oct 2019 14:53:27 GMT，该值是浏览器第一次请求时，保存在缓存区的资源最后一次修改的时间；响应头中 Last-Modified 字段的值为 Thu, 24 Oct 2019 14:53:27 GMT，该值是服务器返回的资源在服务器上最后一次的修改时间，与缓存中保存的时间相同。因此，该会话是浏览器从缓存中获得的，而不是从源服务器上获得的。在响应行中，也可以看到状态码为 304。

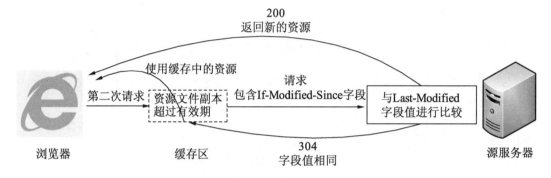

图 7.17　判断资源的最后修改时间

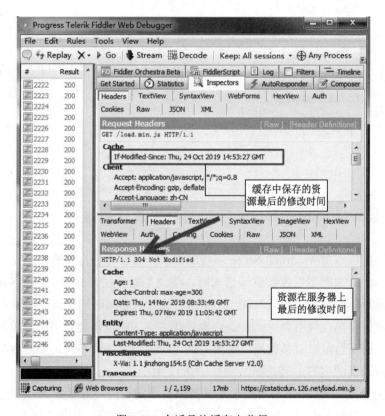

图 7.18　会话是从缓存中获得

（2）选择一个状态码为 200 的会话，查看资源的最后修改时间，如图 7.19 所示。从图中可以看到，If-Modified-Since 字段和 Last-Modified 字段值不同，表示该资源是由源服务器返回的。

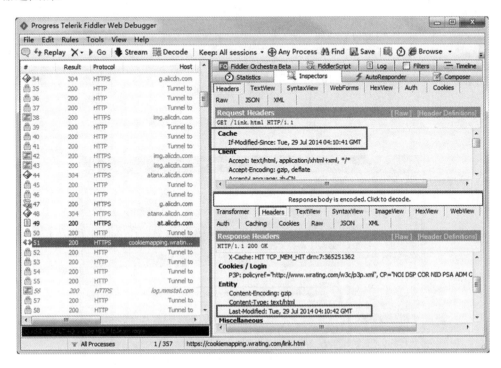

图 7.19　会话是从源服务器获得

7.1.6　根据 If-None-Match 字段判断是否使用缓存

通过 If-Modified-Since 字段进行判断有时候是不准确的。因为该字段包含的是 Last-Modified 字段的值，该值只能精确到秒。例如，在 1 秒内该资源内容被修改过了，那么缓存中的资源就不是最新的了。使用 If-Modified-Since 字段进行判断会导致浏览器仍然从缓存中读取资源。为了避免此类情况，HTTP 使用了 If-None-Match 进行判断。其判断流程如图 7.20 所示。

【实例 7-2】通过 Fiddler 判断请求来自缓存还是源服务器。

（1）在会话的请求头中查看 If-None-Match 字段信息，在响应头中查看 ETag 字段信息，如图 7.21 所示。从图中可以看到，If-None-Match 字段和 ETag 字段值相同，表示资源没有发生改变。此时，浏览器从缓存中读取资源。在响应行可以看到状态码为 304。

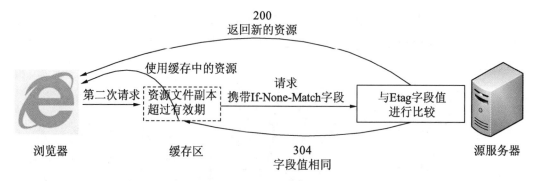

图 7.20　判断资源标识符

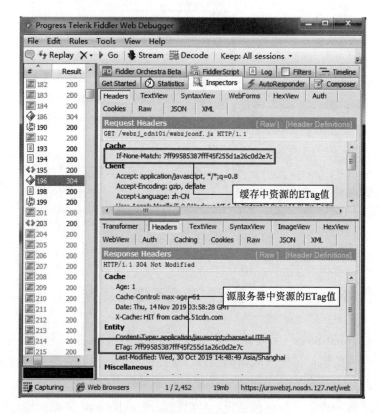

图 7.21　会话是从缓存中获得

（2）如果同时出现 If-None-Match 字段和 If-Modified-Since 字段，源服务器会优先使用资源标识符进行判断，如图 7.22 所示。其中，在请求头中包含 If-None-Match 字段和 If-Modified-Since 字段，在响应头中只包含 ETag 字段，表示使用该字段进行判断。该字段值与 If-None-Match 字段值相同，因此返回 304 的响应信息。

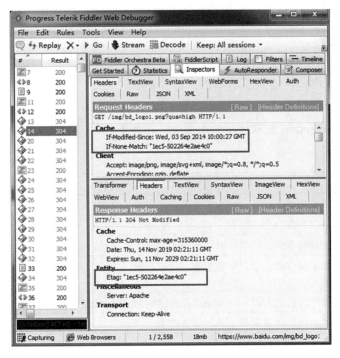

图 7.22 使用 ETag 进行判断

7.2 内部控制缓存

HTTP 提供了一些字段用来设置缓存。浏览器根据这些字段值，决定缓存方式。下面介绍使用的字段及作用。

7.2.1 禁止缓存

在早期的 HTTP/1.0 版本中，请求头可以使用 Pragma 字段。该字段主要用来实现特定的命令，如控制缓存行为。该字段的语法格式如下：

```
Pragma:pragma-directive
```

其中，pragma-directive 表示特定命令。如果特定指令为 no-cache，表示禁止缓存。在 HTTP/1.1 协议中，Pragma:no-cache 等同于 Cache-Control: no-cache。

7.2.2 缓存控制方式

在 HTTP 中，头部使用 Cache-Control 字段来精确地控制缓存。该字段可以用在请求头中使用，也可以在响应头中使用。

1. 请求头中的Cache-Control字段

Cache-Control 字段在请求头中的语法格式如下：

Cache-Control:cache-directive

其中，cache-directive 表示缓存请求命令。可用的命令及含义如表 7.1 所示。

表 7.1　命令及含义

命　　令	含　　义
no-cache	不使用缓存
no-store	所有内容不会被缓存
max-age	如果缓存资源的缓存时间值小于指定的时间值，则客户端接收缓存资源
max-stale	提示缓存服务器，即使资源过期也接收。或者，在过期后的指定时间内，客户端也会接收
min-fresh	提示缓存服务器，如果资源在指定时间内还没过期，则返回
no-transform	禁止代理改变实体主体的媒体类型
only-if-cached	如果缓存服务器缓存了该资源，则返回，不需要确认有效性，否则，返回504网关超时
cache-extension	用来来扩展Cache-Control头字段

2. 响应头中的Cache-Control字段

Cache-Control 字段在响应头中的语法格式如下：

Cache-Control :cache-directive

其中，cache-directive 表示缓存响应命令。可用的命令及含义如表 7.2 所示。

表 7.2　命令及含义

命　　令	含　　义
public	任何情况下都缓存该资源
private	缓存服务器只给指定的用户返回缓存资源，对于其他用户不返回缓存资源
no-cache	不使用缓存
no-store	所有内容不会被缓存
no-transform	禁止代理改变实体主体的媒体类型
must-revalidate	缓存资源未过期，则返回，否则代理要向源服务器再次验证即将返回的响应缓存是否有效，如果连接不到源服务器，则返回504网关超时
proxy-revalidate	所有缓存服务器在客户端请求返回响应之前，再次向源服务器验证缓存的有效性
max-age	如果缓存资源的缓存时间值小于指定的时间值，则客户端接收缓存资源
s-maxage	缓存资源的缓存时间小于指定时间，则可以返回缓存资源，只适用于公共缓存服务器
cache-extension	用来扩展Cache-Control头字段

7.3　外部控制缓存

除了以上介绍的 HTTP 的字段外，外部的其他环节也会影响到网页的缓存，如用户操作、HTML 代码和 Fiddler 代理。下面介绍外部这些环节对缓存的影响。

7.3.1　用户操作

用户在浏览器中进行访问操作，也会对缓存产生影响。下面介绍不同操作对缓存产生的影响。

1．在地址栏中输入网址并按回车键

在使用浏览器时，用户在地址栏中输入网址后按下 Enter 键。浏览器直接使用缓存中的资源信息。

2．普通刷新F5

在使用浏览器时，用户经常使用 F5 刷新页面。这时，浏览器向源服务器发送了资源验证请求，以验证缓存中的资源是否可用。

3．强制刷新Ctrl+F5

在使用浏览器时，用户也可以使用快捷键 Ctrl+F5 强制刷新。这时，不管缓存中的资源是否可用，浏览器都不使用，直接向源服务器发送请求，重新获取资源信息。

【实例 7-3】使用 Fiddler 演示用户操作对缓存的影响。

（1）通过浏览器访问 https://www.baidu.com/，Fiddler 将捕获到大量的会话，如图 7.23 所示。访问该网站时，产生了 40 个会话。这些会话往往会被浏览器进行缓存。

（2）在地址栏中再次输入网址，按下 Enter 键。此时，Fiddler 捕获到少量的会话，如图 7.24 所示。这里，只产生了 3 个会话。这是因为在第一次请求时，资源进行了缓存。第二次请求时，直接使用缓存中的资源。

（3）使用 F5 进行普通刷新，将产生大量的 304 类型的会话，如图 7.25 所示。

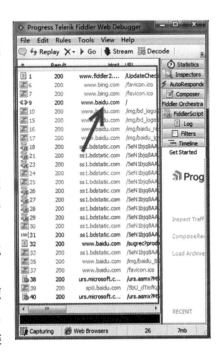

图 7.23　请求资源

图 7.24　使用缓存会话

图 7.25　验证缓存会话

（5）使用 Ctrl+F5 强制刷新，将产生大量状态码为 200 的会话。该些会话都是从源服务器重新获取资源。在会话的头中，查看缓存控制信息，如图 7.26 所示。其中，Pragma 和 Cache-Control 的字段均为 no-cache。

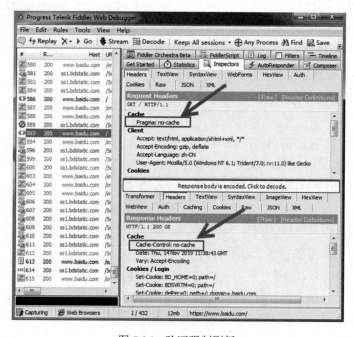

图 7.26　验证强制刷新

7.3.2　HTML 标签限制

网页的缓存有时候还会受到网页内容的控制和影响。例如，HTML 代码通过 Meta 标签的 http-equiv 属性参数设置当前网页的缓存方式。下面依次介绍不同参数对缓存的影响。

1．expires参数

expires 参数用来设置网页的有效期。如果过了设置的有效期，网页就会过期，必须重新请求。该参数与 HTTP 响应头信息中的 expires 字段的作用一样。expires 参数在 HTML 代码中的形式如下：

```
<meta http-equiv="expires" content="Mon, 12 Nov 2029 02:24:50 GMT">
```

其中，http-equiv 属性的参数为 expires，其值为 Mon, 12 Nov 2029 02:24:50 GMT，表示网页的有效期为 2029 年 11 月 12 日星期一的 02:24:50。该作用等同于 HTTP 响应头中的 Expires: Mon, 12 Nov 2029 02:24:50 GMT。

2．pragma参数

pragma 参数用来设置禁止浏览器从缓存中读取页面内容。该参数与 HTTP 头信息中的 Pragma 字段作用一样。例如，pragma 参数在 HTML 代码中的形式如下：

```
<meta http-equiv="pragma" content="no-cache">
```

其中，pragma 参数的值为 no-cache，表示禁用缓存。它的作用等同于 HTTP 响应头中的 Pragma:no-cache。

3．cache-Control参数

cache-Control 参数用来设置缓存控制，该参数与 HTTP 头信息中的字段作用一样。例如，cache-Control 参数在 HTML 代码中的形式如下：

```
<meta http-equiv="cache-Control" content="no-cache">
```

其中，cache-Control 参数的值为 no-cache。表示禁止缓存。它的作用等同于 HTTP 头中的 Cache-Control: no-cache。

7.3.3　Fiddler 控制缓存

浏览器向服务器发送请求资源时，Fiddler 作为代理服务器，也可以对资源的控制缓存

进行设置。

1. 禁止更新缓存

为了避免网页资源因为时效问题产生过多会话，用户可以设置禁止更新缓存。在 Fiddler 中，依次选择 Rules|Performance|Cache Always Fresh 命令，勾选该命令即可。设置后，会话的响应头包含的 Cache-Control 字段值不会改变。查看对应的值，如图 7.27 所示。Cache-Control 字段的 max-age 为 60，表示浏览器在 60 秒内不再检测资源的有效性。

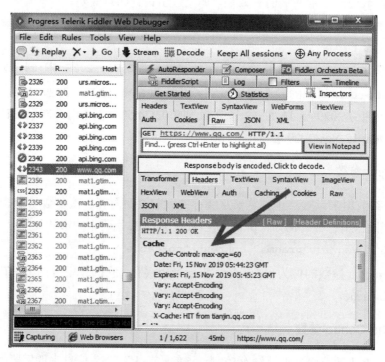

图 7.27　查看缓存信息

2. 禁用缓存

为了及时访问最新的资源，或者修改所有可能的会话，就需要禁用缓存。这样，可以避免资源处于时效内，而不产生会话请求。设置禁用缓存功能，需要依次选择 Rules|Performance|Disable Caching 命令，勾选该命令。查看数据包的缓存字段信息，可以看到字段值被设置为 no-cache，如图 7.28 所示。

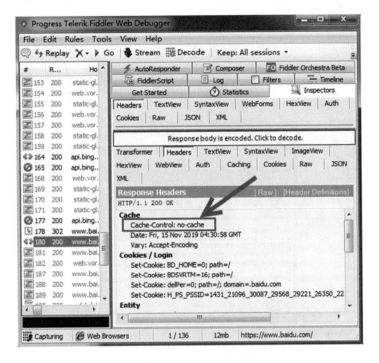

图 7.28　禁用缓存

7.4　使用 Caching 工具分析

为了方便用户查看和分析缓存设置，Fiddler 在响应部分提供了单独的 Caching 选项卡。通过该选项卡，用户可以看到各项缓存设置及其功能。本节将详细讲解该选项卡的使用方式。

7.4.1　分析首次请求的缓存

客户端首次请求资源时，响应信息往往会包含缓存设置字段，如 Expires、Last-Modified 和 ETag。在响应部分中，切换到 Caching 选项卡，可以查看该会话的缓存设置，如图 7.29 所示。

为了方便讲解，下面将 Caching 选项卡中的信息提取出来。这些信息分为以下两部分。

（1）第一部分显示了缓存的概述信息：

```
HTTP/200 responses are cacheable by default, unless Expires, Pragma, or
Cache-Control headers are present and forbid caching.
```

这部分信息表示，默认情况下 HTTP 响应是可缓存的，除非使用 Expires、Pragma、Cache-Control 禁用缓存。

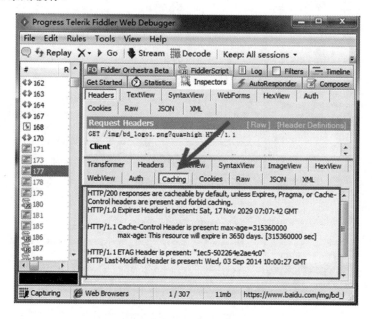

图 7.29　首次请求缓存

（2）第二部分显示了响应中缓存的相关字段以及字段值信息：

```
# Expires 字段信息
HTTP/1.0 Expires Header is present: Sat. 17 Nov 2029 07:07:42 GMT
# Cache-Control 字段信息
HTTP/1.1 Cache-Control Header is present: max-age=315360000
        # max-age 值，表示该资源将在 3650 天后过期
        max-age: This resource will expire in 3650 days.[315360000 sec]
HTTP/1.1 ETAG Header is present: "1ec5-502264e2ae4co"    # ETAG 字段信息
# Last-Modified 字段信息
HTTP Last-Modified Header is present: Wed. 03 Sen 2014 10:00:27 GMT
```

响应头包含 Expires、Cache-Control、ETAG 和 Last-Modified 字段，并显示了对应的值。其中，Expires 字段的版本为 HTTP 1.0，其余字段的版本为 HTTP 1.1。通过分析这些字段的值，可以了解到该资源设置了有效期，并且没有禁用缓存。因此，该资源是可缓存且可用的。

7.4.2　验证缓存的有效性

当客户端向服务器进行资源验证时，服务器会再次返回资源的缓存信息，如图 7.30 所示。

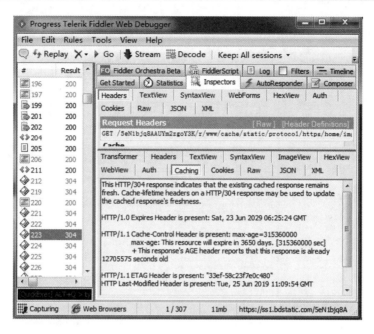

图 7.30　资源验证缓存

缓存信息同样分为以下两部分。

（1）第一部分仍然显示了缓存的概述信息：

```
This HTTP/304 response indicates that the existing cached response remains
fresh. Cache-lifetime headers on a HTTP/304 response may be used to update
he cached response's freshness.
```

这部分信息表示，缓存是最新的，响应信息将更新资源的有效期。

（2）第二部分显示了缓存字段信息：

```
HTTP/1.0 Expires Header is present: Sat, 23 Jun 2029 06:25:24 GMT
HTTP/1.1 Cache-Control Header is present: max-age=315360000
         #过期时间为 315360000 秒
         max-age: This resource will expire in 3650 days. [315360000 sec]
         + This response's AGE header reports that this response is already
12705575 seconds old
                                              #该资源存在了 12705575 秒
HTTP/1.1 ETAG Header is present: "33ef-58c23f7e0c480"
HTTP Last-Modified Header is present: Tue, 25 Jun 2019 11:09:54 GMT
```

其中，该资源的有效期为 315360000 秒（3650 天），而该资源在缓存中存在了 12705575 秒，没有过期，缓存仍然可用。

7.4.3　分析 no-cache 字段值的缓存

如果 Expires 或 Cache-Control 字段的值包含 no-cache，这样的资源是不会进行缓存的。

下面通过 Caching 选项卡查看缓存信息，如图 7.31 所示。

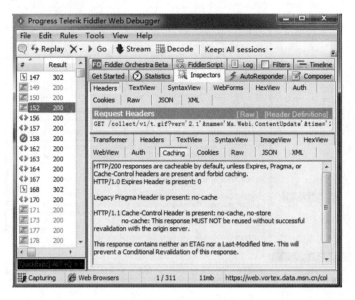

图 7.31   no-cache 资源

提取缓存信息如下：

```
HTTP/200 responses are cacheable by default, unless Expires, Pragma, or
Cache-Control headers are present and forbid caching.
HTTP/1.0 Expires Header is present: Wed, 20 Noy 2019 07:07:36 GMT
Legacy Pragma Header is present: no-cache                    # Pragma 字段
# Cache-Control 字段
HITTP/1.1 Cache-Control Header is present: max-age=0, no-cache, no-store
   no-cache: This response MUST NOT be reused without successful
revalidation with the oriain server
   max-age: This resource will expire immediately. (0 sec)
   This resnonse contains neither an FTAG nor al ast -Modified time. This
will prevent a Conditional Revalidation of this response.
```

其中，Expires 和 Cache-Control 字段的值包含 no-cache，表示该资源是不可以缓存的。
其中 max-age: This resource will expire immediately，表示该资源将立即过期。

第 8 章　Cookie

Cookie 是一种 HTTP 数据存储方式。Cookie 数据由服务器生成，并由客户端保存。借助这些数据，服务器建立一种可信赖的机制，用于记录客户端的状态信息，如客户端是否登录、访问过哪些页面等。本章将讲解 Cookie 的相关知识。

8.1　实现 Cookie 机制

HTTP 是一种无状态的协议，客户端与服务器建立连接并传输数据，而数据传输完成后连接就会关闭，当再次传输数据时再建立新的连接。因此，服务器无法通过连接跟踪会话判断客户端上一次做了什么。为了解决这个因素，引入了 Cookie 机制。本节讲解该机制的实现方式。

8.1.1　Cookie 的工作原理

下面介绍 Cookie 的工作原理。

（1）客户端首次发送请求与 Web 服务器进行通信，如图 8.1 所示。此时，Web 服务器对客户端一无所知，不知道其身份。

（2）服务器收到请求后做出响应，如图 8.2 所示。服务器在响应头中使用 Set-Cookie 字段来标记客户端的身份，并要求客户端按照指定的规则生成 Cookie。客户端收到响应后，按照服务器的指示生成 Cookie，并将其存储起来，这样客户端就有自己的身份了。

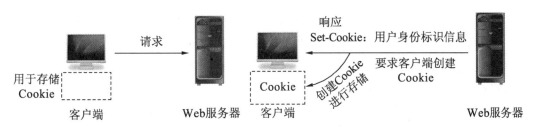

图 8.1　客户端首次发送请求　　　　　　图 8.2　客户端创建 Cookie

（3）当客户端再次访问该服务器时，会在请求头中使用 Cookie 字段带上自己的身份信息，如图 8.3 所示。

（4）服务器收到请求后，会访问请求头中的 Cookie 信息对用户身份进行验证，发现该客户端之前请求过，并且有自己为客户端定义的身份识别信息。验证通过后，将请求要访问的资源发送给客户端，如图 8.4 所示。

图 8.3　客户端发送 Cookie　　　　图 8.4　服务器访问 Cookie

8.1.2　服务器建立 Cookie 规则

Cookie 信息由服务器生成。当客户端访问服务器时，服务器使用 Set-Cookie 字段，将生成的 Cookie 信息写入 HTTP 响应头中。Set-Cookie 字段的语法格式如下：

```
Set-Cookie: name:value
```

其中，name:value 是一个名/值对。如果存在多个，使用分号和空格进行分隔。

客户端通过 Set-Cookie 字段设置 Cookie 信息后，在下一次请求时会将其提交给服务器。

【实例 8-1】验证服务器为客户端建立的 Cookie。

（1）当客户端首次请求资源时，服务器会在响应头中使用 Set-Cookie 字段为客户端建立 Cookie，查看会话，如图 8.5 所示。其中，请求头中没有 Cookie 字段，说明目前客户端是第一次进行访问。响应头包含 8 个 Set-Cookie 字段，表示服务器向客户端发送了 8 个 Cookie 数据。其中，一个 Cookie 用来为客户端标识身份。

（2）在响应部分切换到 Cookies 选项卡，可以查看 Set-Cookie 字段信息，如图 8.6 所示。其中显示了 8 个 Set-Cookie 字段信息，每个 Set-Cookie 字段信息之间有一个空行。Set-Cookie 字段信息的第一行显示了为 Cookie 提供的字节大小。例如，第一个 Set-Cookie 提供的 Cookie 信息大小为 129 字节。

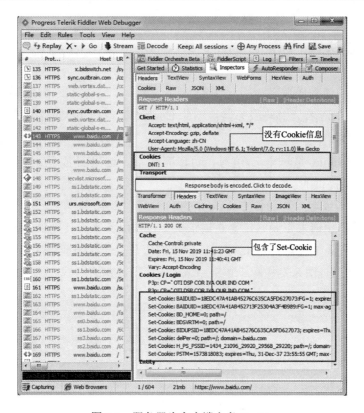

图 8.5　服务器为客户端定义 Cookie

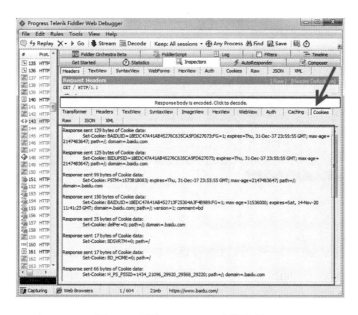

图 8.6　查看 Set-Cookie 字段信息

8.1.3　客户端传输 Cookie

如果在前面的请求中服务器发送了 Cookie 信息，客户端再次请求该服务器时就会使用 Cookie 字段，在请求头中向服务器传输此 Cookie 信息。Cookie 字段的语法格式如下：

```
Cookie: name:value
```

其中，name:value 是一个名/值对，可以有多个。这里的名/值对都是由响应头中的 Set-Cookie 字段所提供的。

【实例 8-2】验证客户端回传 Cookie 信息。

（1）客户端再次请求资源时，会在请求头中包含服务器为其提供的 Cookie，如图 8.7 所示。其中，请求头中包含 Cookie 字段。字段的值是上一次访问该服务器提供的。例如，这里的 Cookie 信息是图 8.7 中第二个 Set-Cookie 字段设置的。

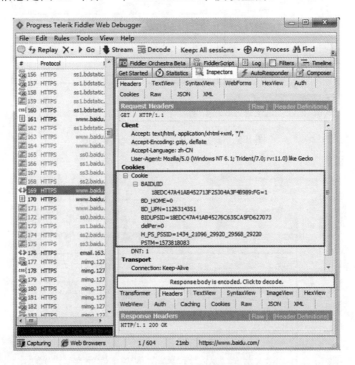

图 8.7　请求中使用了 Cookie 信息

（2）切换到 Cookies 选项卡，可以查看请求中包含的 Cookie 字段信息。如果请求时没有加上 Cookie，那么，Cookies 选项卡显示 This request did not send any cookie data，如图 8.8 所示。

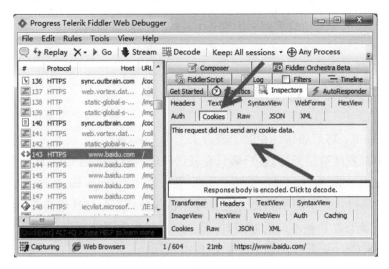

图 8.8　请求未包含 Cookie

（3）如果请求中包含 Cookie，Cookies 选项卡将显示 Cookie 信息，如图 8.9 所示。

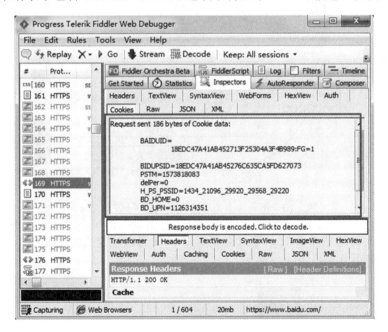

图 8.9　请求包含 Cookie

8.2　限制 Cookie

服务器为客户端传输 Cookie 信息时，Set-Cookie 字段不仅包含信息本身，还可以包含对应的附加信息。这些附加信息用来限制该 Cookie 的值。下面讲解这些附加信息对 Cookie 的影响。

8.2.1 访问不同站点需使用不同的 Cookie

在实际应用中，客户端往往存储了成百上千个 Cookie。在访问服务器时，客户端不会将每个 Cookie 都发送给服务器。客户端只会发送与服务器对应的 Cookie 数据给该服务器。例如，www.baidu.com 为客户端定义的 Cookie 会被发送给 www.baidu.com，而不会发送给 www.qq.com。所以访问不同站点会使用不同的 Cookie。下面是具体的工作流程。

（1）当浏览器首次访问不同的站点时，每个站点都会为浏览器定义一个特有的 Cookie，浏览器会将这些 Cookie 都存储起来，如图 8.10 所示。

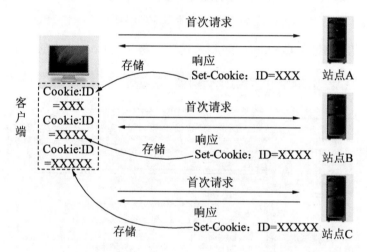

图 8.10　不同站点为客户端定义了不同的 Cookie

（2）当再次访问站点 B 时，它只会取出站点 B 为自己定义的 Cookie，然后发送给站点 B，而不会取出其他站点定义的 Cookie，如图 8.11 所示。

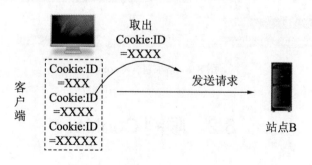

图 8.11　发送该站点定义的 Cookie

8.2.2　Cookie 的有效期

因为客户端的状态会随着时间的变化而改变，所以服务器在定义 Cookie 时都会为其指定一个有效期。根据不同有效期，Cookie 分为不同类型。下面讲解 Cookie 的分类以及有效期的指定方式。

1．Cookie的类型

根据有效期的时间长短，Cookie 可以分为两类，分别为会话 Cookie 和持久 Cookie。

- 会话 Cookie 是一种临时 Cookie，当用户退出浏览器时，会话 Cookie 就被删除了。
- 持久 Cookie 的生存时间更长一些，它被存储在硬盘上，即使退出浏览器，该 Cookie 仍然存在，直到超过设定的有效期。

2．Set-Cookie字段的Expires属性

在 HTTP 中，Set-Cookie 字段可以用 Expires 属性直接设定 Cookie 的有效期，其语法格式如下：

```
Set-Cookie: name:value; Expires= Date
```

其中，Date 为 Cookie 的有效期，格式为 RFC 7231 定义的日期格式。例如，expires=Sat, 16-Nov-2019 01:57:30 GMT 表示该 Cookie 值在 2019 年 11 月 16 日 1 点 57 分 30 秒之前有效。如果 Set-Cookie 中没有设置 Expires 属性，则表示该 Cookie 是一个会话 Cookie。

【实例 8-3】通过 Expires 查看客户端 Cookie 的有效期，如图 8.12 所示。

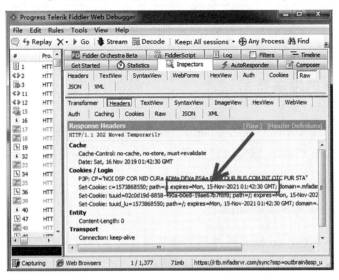

图 8.12　查看 Expires 属性设置的 Cookie 有效期

其中，expires 的值为 Mon, 15-Nov-2021 01:42:30 GMT，表示该 Cookie 值在 2021 年 11 月 15 日 01:42:30 之前有效。

3．Set-Cookie字段的Max-Age属性

Set-Cookie 字段还可以使用 Max-Age 属性设定 Cookie 的有效期。其语法格式如下：

```
Set-Cookie: name:value; Max-Age= second
```

其中，second 表示 Cookie 的寿命。如果 second 为正整数 X，则表示 Cookie 经过 X 秒后失效；如果 second 为 0 或-1，则表示 Cookie 为一个会话 Cookie，只要退出浏览器就失效。

【实例 8-4】通过 Max-Age 查看客户端 Cookie 的有效期，如图 8.13 所示。其中，Max-Age 的值为 15552000，表示客户端的 Cookie 将在 15552000 秒（180 天）后失效，所以该 Cookie 是一个持久 Cookie。

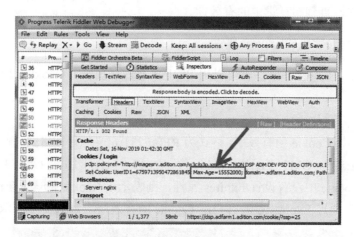

图 8.13　查看 Max-Age 属性设置的 Cookie 有效期

8.2.3　Cookie 的发送范围

访问不同的站点要使用不同的 Cookie。那么客户端如何正确地将 Cookie 发送到正确的地方呢？这其实与 Cookie 的作用范围有关。下面介绍如何使用 Set-Cookie 设置 Cookie 的作用范围。

1．Set-Cookie字段的domain属性

Set-Cookie 字段使用 domain 属性指定哪些站点可以使用这个 Cookie 值，其语法格式如下：

```
Set-Cookie: name:value; domain=Domain
```

其中，domain 用来表示 Cookie 所在的域，默认为请求的地址。

【实例 8-5】查看 domain 的值，判断客户端的 Cookie 可以发送到哪些范围，如图 8.14 所示。

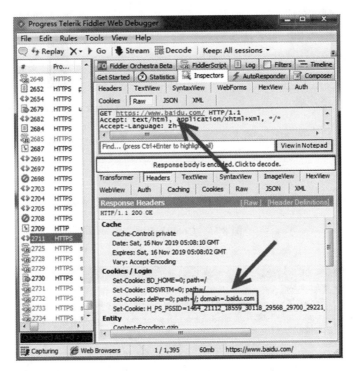

图 8.14　domain 对 Cookie 范围的影响

其中，Set-Cookie 字段指定了 domain=.baidu.com，表示客户端可以将 Cookie 发送给以.baidu.com 结尾的所有站点。例如，客户端可以将该 Cookie 值发送给 zw.baidu.com 和 ztalk.baijia.baidu.com 站点，但是不能发送给 www.qq.com 站点，如图 8.15 所示。

2. Set-Cookie字段中的path属性

Set-Cookie 字段使用 path 属性指定客户端可以将 Cookie 发送到哪个路径下，其语法格式如下：

```
Set-Cookie: name:value; path=Path
```

其中，path 用来指定请求该路径下的资源才可以发送该 Cookie 值，默认为根目录（/）。

【实例 8-6】查看 path 的值，判断客户端的 Cookie 可以发送到哪些路径下的资源，如图 8.16 所示。

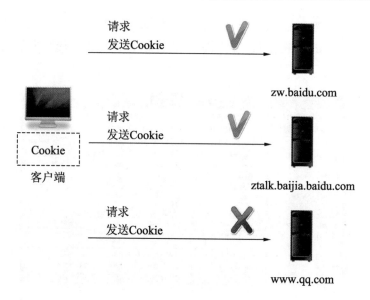

图 8.15　Cookie 的域范围

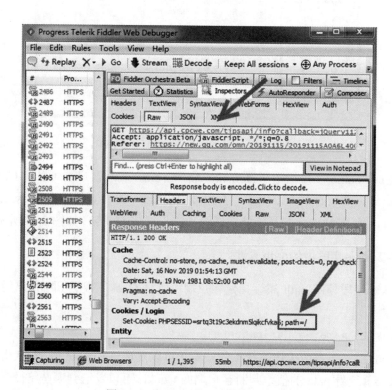

图 8.16　path 对 Cookie 范围的影响

在图 8.16 中选中会话请求网址的前半部分信息为 https://api.cpcwe.com/tipsapi/。该网址的域名为 api.cpcwe.com。Set-Cookie 字段指定 path=/，表示客户端的 Cookie 可以发送到 api.cpcwe.com 域名下的所有资源，而不会发送到其他站点上。假如 www.XXX.com 服务器为 Cookie 定义了两个 path 值，分别为 path=/test/和 parh=/test/a/，则对应的 Cookie 分别为 Cookie:ID=23456 和 Cookie:ID=56789。如果客户端使用 Cookie:ID=23456 进行请求，那么 Cookie 可以发送到 www.XXX.com/test/下的所有资源，如图 8.17 所示。

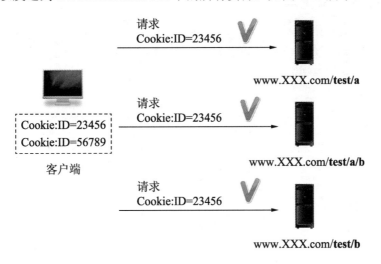

图 8.17　Cookie 的作用路径

如果客户端使用 Cookie:ID=56789 进行请求，那么它的发送范围将发生变化，如图 8.18 所示。客户端不会在请求 www.XXX.com/test/b 资源时发送 Cookie:ID=56789。

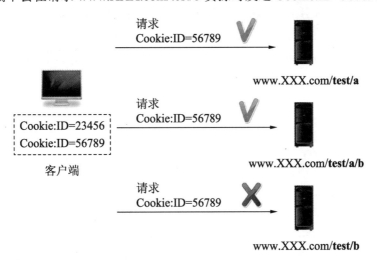

图 8.18　Cookie 的无效作用路径

3．Set-Cookie字段中的domain与path

在实际应用中，Set-Cookie 字段往往与 domain 和 path 组合使用，如图 8.19 所示。

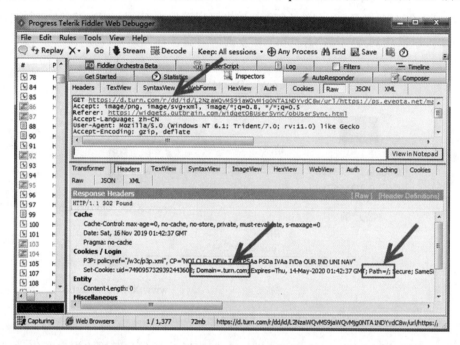

图 8.19　查看 Cookie 的作用范围

在图 8.19 的会话请求中，URL 前半部分信息为 https://d.turn.com/r/dd/id/，其中的域名为 d.turn.com，要请求的资源信息位于/r/dd/id 目录下。在响应头的 Set-Cookie 中，Domain=.turn.com 表示客户端的 Cookie 可以发送到以.turn.com 结尾的域名对应的站点。

8.2.4　安全防护

为了保证 Cookie 的数据传输和使用安全，HTTP 还规定了 Cookie 安全防护措施，如必须使用 HTTPS 进行加密传输或访问限制。下面简要介绍安全防护措施。

1．Set-Cookie字段的secure属性

由于 HTTP 是明文传输数据，所以存在数据被嗅探的风险。为了保护 Cookie 数据的安全，Set-Cookie 字段使用 secure 属性限制 Cookie 是否必须使用加密传输，其语法格式如下：

```
Set-Cookie: name:value; secure=Bool
```

其中，Bool 是一个布尔值。当它的值为 True 时，表示只在使用 HTTPS 加密连接时才传输 Cookie。当它的值为 False 时，表示可以在 HTTP 下进行传输。默认值为 False。

2．Set-Cookie字段中的httponly

在实际应用中，不仅客户端的请求可以读取 Cookie，而且客户端的 JavaScript 代码也可以读取 Cookie。为了避免 Cookie 被 JavaScript 代码滥用，Set-Cookie 字段使用 httponly 属性限制 JavaScript 代码对 Cookie 的访问。该属性的语法格式如下：

```
Set-Cookie: name:value; httponly
```

其中，该属性可以直接被使用。如果使用，表示禁止 JavaScript 代码读取该 Cookie 值；否则，表示不限制。

【实例 8-7】查看 Set-Cookie 字段对 Cookie 的设置，判断客户端 Cookie 的安全性，如图 8.20 所示。其中，Set-Cookie 字段包含 httponly 属性，表示该 Cookie 值禁止 JavaScript 代码的访问。

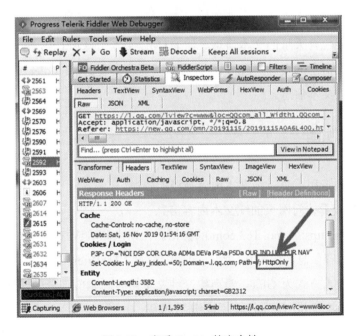

图 8.20　查看 Cookie 的安全性

第9章　常见的会话分析

当客户端访问网站或网页时，Fiddler 会捕获到很多会话。根据响应体中包含的内容类型的不同，这些会话可以分为音乐会话、视频会话、图片会话和文本会话等。Fiddler 为不同类型的会话提供相应的分析工具。本章将详细讲解各类会话的分析方式。

9.1　文　本　会　话

网页中往往会包含大量的文本信息，如 HTML 文本信息和 CSS 文本信息等。客户端一旦访问包含这类信息的资源，Fiddler 就会捕获到这类会话。Fiddler 提供了对应的选项卡，用于查看这类文本信息。

9.1.1　纯文本视图

TextView 选项卡用于查看纯文本内容类型的资源。

【实例 9-1】查看访问网页的纯文本内容信息

（1）捕获访问 https://email.163.com/的会话。在请求和响应部分中选择 TextView 选项卡，查看纯文本内容信息，如图 9.1 所示。请求部分的 TextView 选项卡没有任何信息，这是因为该会话的请求方式为 GET，没有提交纯文本内容。响应部分的 TextView 选项卡显示乱码，这是由于会话进行了编码，需要进行解码。

（2）单击黄色提示信息 Response body is encoded. Click to decode 进行解码。此时，该选项卡以纯文本形式显示内容信息，如图 9.2 所示。其中，以 HTML 代码的形式显示网页的内容信息，如网页的标题为"网易免费邮箱-中国第一大电子邮件服务商"。

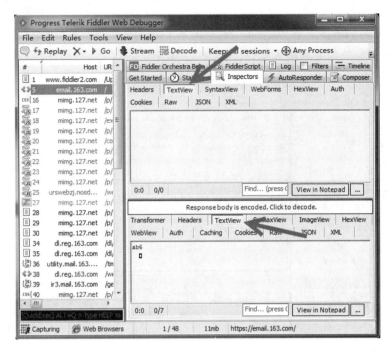

图 9.1 访问网页会话

图 9.2 查看纯文本信息

（3）如果会话的请求方式为 POST，并且提交了纯文本内容信息，请求部分的 TextView 选项卡将显示对应的纯文本格式信息，如图 9.3 所示。

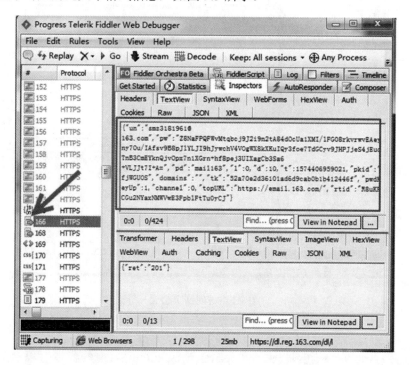

图 9.3　提交的纯文本信息

9.1.2　代码视图

在捕获文本类信息时，Fiddler 会自动判断语法类型，对 HTML、CSS 和 JavaScript 代码进行语法高亮标记，并在 SyntaxView 选项卡中显示。通过该选项卡，用户可以直观地查看代码结构，如图 9.4 所示。

9.1.3　网页视图

对于网页内容，WebView 选项卡直接显示渲染后的效果，而不是原始的 HTML 代码，如图 9.5 所示。

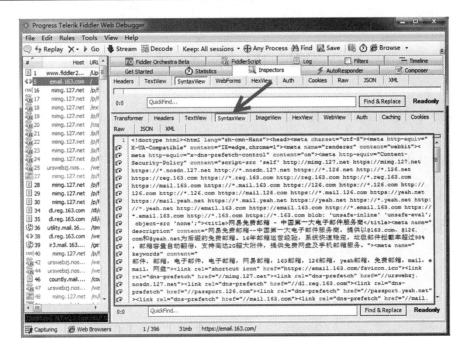

图 9.4　SyntaxView 选项卡显示的信息

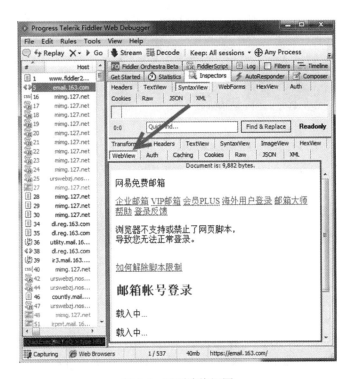

图 9.5　网页渲染视图

9.2　图　片　会　话

浏览器访问包含图片的网页时会产生图片类型的会话。在 Fiddler 中，支持以图片的形式显示响应内容。用户可以通过响应部分中的 ImageView 选项卡进行查看。该选项卡既支持常见的 Web 图片格式（包括 JPEG、PNG、GIF），也支持一些不常见的图片格式（如游标、位图、EMF/WMF 和 TIFF）。

9.2.1　查看图片

启动 Fiddler，当客户端打开百度首页查找图片（如小老虎图片）时，页面如图 9.6 所示。

图 9.6　查找图片

Fiddler 就会捕获到客户端浏览图片的会话，如图 9.7 所示。

从图 9.7 中的 Web Session 列表中可以看到图片类型的会话。选择图片类型的会话，查看客户端浏览过的图片。本例选择的是第 57 个会话。在 ImageView 选项卡中可以看到，是一张老虎的图片，正是客户端浏览网页图片（从图 9.6 中可以看到）中的一张图片。我们依次选择其他图片的会话，以同样的方式查看，看到的图片同样也是图 9.6 中出现的图片，如图 9.8 所示。

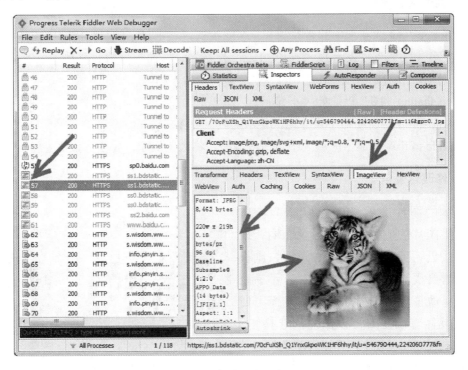

图 9.7　查看图片的会话

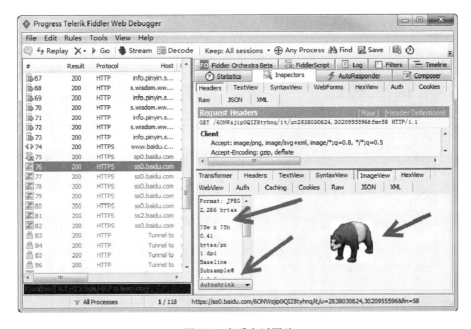

图 9.8　查看会话图片

1. 调整缩放模式

在 ImageView 选项卡中的最左侧有一个面板框，其中显示的是当前选中图片的信息，包括其大小（以字节数表示）、像素尺寸及文件格式。在面板框的底部是一个下拉列表，可以控制图像的缩放。下拉列表中的各项及其功能如下：

- No scaling：图片以原始大小显示。
- Autoshrink：自动缩小尺寸比，显示区域大的图片。
- Scale to fit：按显示区域大小自适应调整，将大图缩小，将小图放大。

2. 修改背景色

查看的图片的背景颜色默认为淡蓝色。如果图片的颜色和背影颜色相同，或者比较接近，又或者图片比较透明，则查看图片时会受到背景颜色的干扰，不易查看。可以改变图片的背景颜色，从而方便查看。具体方法是右击该图片，选择 Set Workspace Color…命令，弹出"颜色"对话框，如图 9.9 所示。

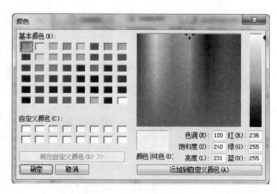

图 9.9 "颜色"对话框

在图 9.9 中选择合适的颜色，然后单击"确定"按钮，查看会话视图，如图 9.10 所示。

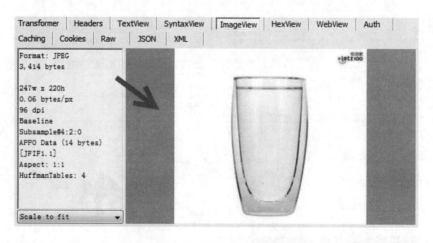

图 9.10 查看会话视图

3．全屏缩放

从图 9.10 中可以很明显地看到图片。如果 Fiddler 中显示的图片比较小，则可以双击
该图片，打开一个全屏视图。在全屏视图中，可以对图片进行如表 9.1 所示的操作。

表 9.1　全屏视图功能

键盘或鼠标操作	功　　能
Enter或Z	在全屏和实际大小之间切换
H	水平旋转图像
V	垂直旋转图像
R	把图像顺时针旋转90°
鼠标上滚	全屏显示
鼠标下滚	实际大小显示
Escape	退出全屏显示

9.2.2　复制图片信息

查看图片会话时，用户可以以多种方式复制图片资源。右击图片，弹出快捷菜单，如
图 9.11 所示。

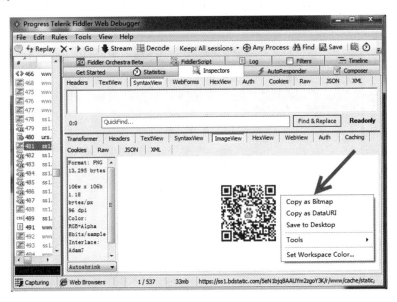

图 9.11　图片操作命令

在快捷菜单中选择以下命令，可以对图片进行复制操作。

- Copy as Bitmap：复制图片，可以将图片粘贴到其他图片编辑器中。
- Copy as DataURI：复制图片链接。
- Save to Desktop：将图片保存到桌面上。

9.2.3　扩展编辑功能

除了对图片的复制操作之外，Fiddler 还提供了其他扩展编辑功能，可以进一步操作图片。在图 9.11 中弹出的快捷菜单中选择 Tools 命令，再次弹出子菜单，如图 9.12 所示。

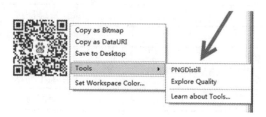

图 9.12　扩展命令

1．提取图片

选择 PNGDistill 命令，将调用 Fiddler 内置的 PNGDistill.exe 工具，对 PNG 类型的图片进行优化，如移除元数据、提升压缩比例。选择该命令后，将显示优化信息，并提示是否保存新的 PNG 图片，如图 9.13 所示。

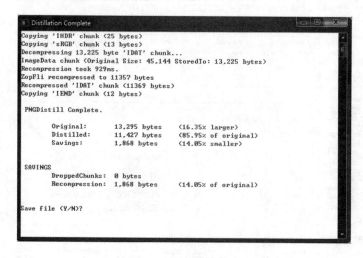

图 9.13　保存提示信息

这里选择保存该图片文件。输入 Y，并按回车键，将提示输入保存后的文件名称，如图 9.14 所示。

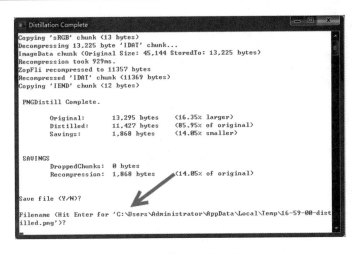

图 9.14　输入文件名称

优化后的图片默认保存在 C:\Users\Administrator\AppData\Local\Programs\Fiddler 目录中。输入文件名称，然后按回车键即可保存图片。在该目录下找到图片并查看，如图 9.15 所示。

图 9.15　查看保存的图片

2．修改图片质量

保存图片时，可以使用 Explore Quality 命令修改图片的质量，来改变图片的清晰度。选择该命令后，将弹出 Image Quality Explorer 对话框，如图 9.16 所示。

图 9.16　Image Quality Explorer 对话框

如果向左拖动滑块，可以降低图片质量，减小图片的大小。初始图片大小为 13295 字节。此时，默认图片质量为最佳，滑块位置在最右侧。向左拖动滑块，如图 9.17 所示。

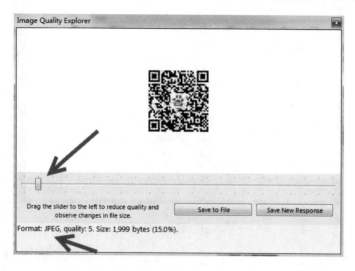

图 9.17　修改图片质量

此时，图片质量降低，变得比较模糊了。图片转化为了 JPEG 格式，质量系数为 5，图片大小为 1999 字节。单击 Save to File 按钮，可以保存修改后的图片。单击 Save New Response 按钮，将在 Sessions 列表中创建一个会话，如图 9.18 所示。该会话没有请求和响应信息，只是为修改后的图片创建了一个会话，供后期调试使用。

图 9.18　保存修改后的图片会话

9.3　视 频 会 话

当在浏览器中播放视频时，就会产生视频类型会话。在 Fiddler 中，我们可以通过 WebView 选项卡查看，该选项卡位于会话的 Inspectors 的响应中。Fiddler 支持查看 Web 浏览器获取到的视频，通过它可以快速预览某个给定响应在浏览器中是如何显示的。

📢注意：如果要查看视频数据，需要用户预先通过 Tools|Options 命令打开 Options 对话框，然后勾选 Automatically stream &video 复选框。

首先启动 Fiddler，当客户端在线观看视频（比如通过 360 影视）时，选择要看的视频（比如《他来了，请闭眼》），如图 9.19 所示。

图 9.19　选择播放的视频

开始播放视频，视频一般带有广告，查看视频的广告，如图 9.20 所示。

客户端看广告时，Fiddler 就可以捕获这些广告。查看捕获的会话，如图 9.21 所示。

从图 9.21 的 Web Session 列表中可以看到视频类型的会话，选择视频类型的会话，查看客户端浏览过的视频。本例选择的是第 150 个会话，在响应中的 WebView 选项卡中可以看到一个浅蓝色的方块。该方块就是视频广告文件。单击该文件即可播放视频，如图 9.22 所示。

图 9.20　查看视频广告

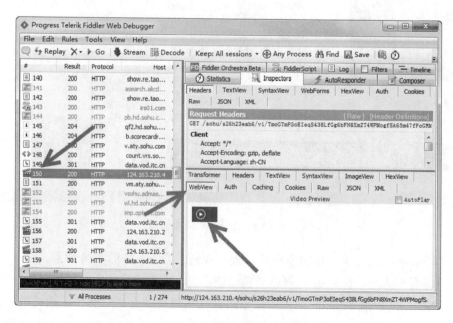

图 9.21　查看捕获视频的会话

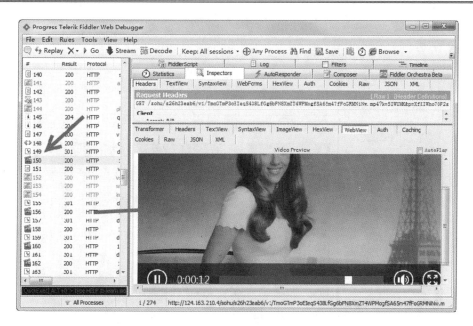

图 9.22　查看会话视图

图 9.22 中会话的视频只播放 15s，实际的视频广告都在 15s 以上，如图 9.23 所示。

图 9.23　查看视频广告

　　上一个视频会话的广告播放完以后，继续播放，接下来的广告就被下一个视频会话捕获到了。查看捕获的视频会话视图，如图 9.24 所示。

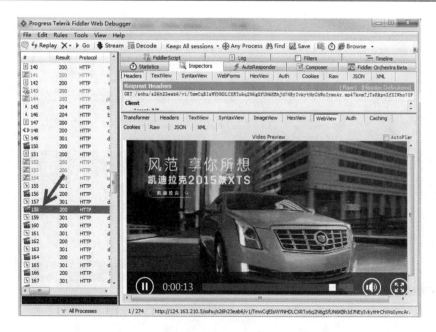

图 9.24 查看会话视图

从图 9.24 中可以看到选择的是第 158 个会话，使用同样的方法查看视图。我们在预览这些视频文件时，每次都得单击才能播放，比较麻烦。在选项卡的右上角有一个 AutoPlay 复选框。当选中该复选框时，媒体文件在加载后会自动开始回放，结果如图 9.25 所示。

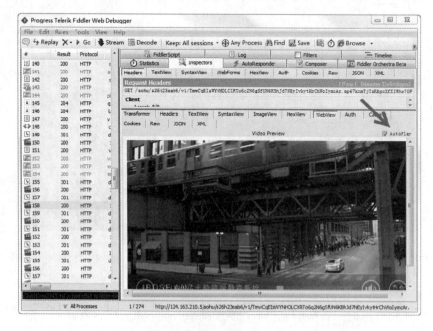

图 9.25 自动播放会话视图

9.4 音乐会话

当在浏览器中播放音乐时，就会产生音乐类型的会话，在 Fiddler 中，同样可以通过 WebView 选项卡进行查看。启动 Fiddler，当用户在百度首页上输入"音乐"，即可在线试听音乐，如图 9.26 所示。

🔔注意：如果要查看音乐数据，需要用户预先通过 Tools|Options 命令打开 Options 对话框，然后勾选 Automatically stream & video 复选框。

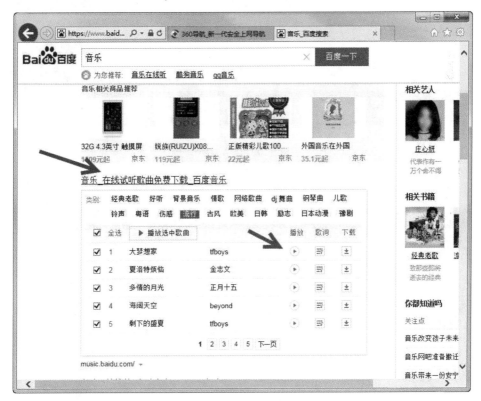

图 9.26 在线听音乐

当用户选择好音乐后，单击播放按钮就可以听音乐了，如图 9.27 所示。

用户可以通过控制键切换歌曲，试听下一首，如图 9.28 所示。

当用户试听音乐时，Fiddler 可以捕获到试听音乐的会话，捕获到的会话如图 9.29 所示。

10:09:15 2015/11/5

图 9.27   试听音乐

图 9.28   试听下一首歌曲

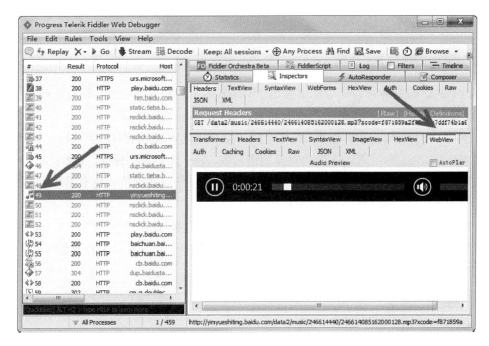

图 9.29　查看音乐会话

从音乐会话的视图中可以看到，客户端试听的音乐是一首完整的歌曲。我们在预览这些音频文件时，和浏览视频文件一样，每次都得单击后才能播放，比较麻烦。我们同样可以勾选 AutoPlay 复选框。当选中该复选框时，媒体文件在加载后会自动开始播放。

9.5　JSON 会话

客户端通过浏览器访问服务器，服务器返回响应后，浏览器分析响应中的 HTML。如果其中使用 AJAX 方式请求数据，往往会产生 JSON 格式的会话。在 Fiddler 中，我们可以通过 JSON 选项卡进行查看。如果 Fiddler 捕获的会话请求和响应体是 JSON 格式，那么 JSON 选项卡会把选中的会话请求或响应体解释成 JSON 格式的字符串，以树形视图显示 JSON 对象节点。如果不是 JSON 格式，树形图会是空的。那么什么是 JSON 呢？下面将对 JSON 及对会话的请求体和响应体分别进行介绍。

9.5.1　JSON 的概念

JSON（JavaScript Object Notation）是一种轻量级的数据交换格式。JSON 采用完全独立于语言的文本格式，这些特性使 JSON 成为理想的数据交换语言，易于阅读和编写，同时也易于机器解析和生成。

1．JSON的结构

JSON 的结构有两种，简单地说就是 JavaScript 中的对象和数组。通过这两种结构可以表示各种复杂的结构。下面分别介绍对象和数组。

- 对象：在 JavaScript 中表示用花括号（{}）括起来的内容，数据结构为{key: value, key: value, ...}的键-值对。在面向对象的语言中，key 为对象的属性，value 为对应的属性值。所以，很容易理解，取值方法为对象 key 获取属性值，这个属性值的类型可以是数字、字符串、数组、对象等。
- 数组：在 JavaScript 中是用中括号（[]）括起来的内容，数据结构为["java", "javascript", "vb", ...]，取值方式和所有语言中一样，使用索引获取。字段值的类型可以是数字、字符串、数组、对象等。

2．JSON的语法

JSON 的语法规则是 JavaScript 对象表示语法的子集：
- 数据在键-值对中；
- 数据由逗号分隔；
- 花括号保存对象；
- 方括号保存数组。

3．JSON的值

JSON 的值如下：
- 数字（整数或浮点数）；
- 字符串（在双引号中）；
- 逻辑值（true 或 false）；
- 数组（在方括号中）；
- 对象（在花括号中）；
- null。

4．JSON名称-值对

简单地说，JSON 可以将 JavaScript 对象中表示的一组数据转换为字符串，然后就可以在函数之间轻松地传递这个字符串，或者在异步应用程序中将字符串从 Web 客户端传递给服务器端程序。这个字符串看起来有点古怪，但是 JavaScript 很容易解释它，而且 JSON 可以表示比"名称-值对"更复杂的结构。例如，可以表示数组和复杂的对象，而不仅仅是键和值的简单列表。

按照最简单的形式，可以用下面的 JSON 表示"名称-值对"：

```
{"firstName" : "Brett"}
```

上面这个示例是最基本的，而且实际上比等效的纯文本"名称-值对"占用更多的空间：

```
firstName=Brett
```

但是，当将多个"名称-值对"串在一起时，JSON 就会体现出它的价值了。首先，可以创建包含多个"名称-值对"的记录，比如：

```
{"firstName": "Brett", "lastName":"McLaughlin", "email":"aaaa"}
```

从语法方面来看，这与"名称-值对"相比并没有很大的优势，但是在这种情况下 JSON 更容易使用，而且可读性更好。例如，它明确地表示以上 3 个值都是同一记录的一部分，花括号使这些值有了某种联系。

9.5.2　查看请求体的 JSON

会话的请求方式为 GET 时，是没有请求体的，因此需要选择其他请求方式的会话（比如 POST）。

（1）选中请求方式为 POST 的会话，依次单击 Inspectors|Raw 查看会话的完整请求内容，如图 9.30 所示。

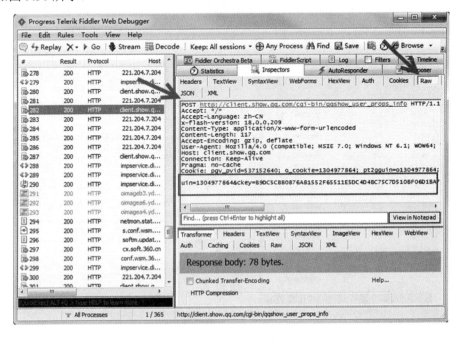

图 9.30　查看完整请求

（2）切换到 TextView 选项卡，只查看请求体，该选项卡支持以文本形式查看请求体。显示的内容如图 9.31 所示。

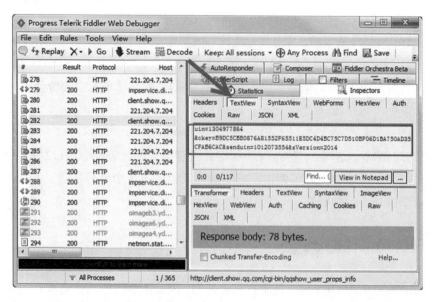

图 9.31　只查看请求体内容

从图 9.31 中可以看到选中会话的请求体，最上面的一行是 uin=1304977864。

（3）查看请求体的 JSON。切换到 JSON 选项卡，可以看到显示的 JSON 对象节点，界面如图 9.32 所示。

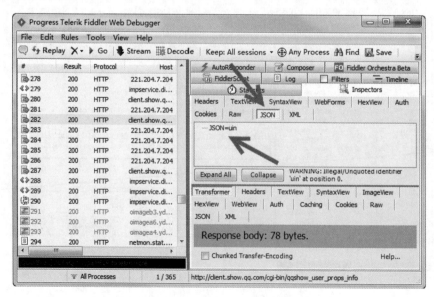

图 9.32　查看请求体的 JSON 视图

从 JSON 选项卡中可以看到 JSON=uin，说明将会话的请求体解释成了 JSON 格式的字符串，显示的对象节点为 uin。

9.5.3　查看响应体的 JSON

我们查看会话的响应体时，有时会发现响应体是一长串字符，看起来很乱。下面是查看会话的响应体的方法。

（1）选中脚本文件的会话或 JSON 格式的会话，依次单击 Inspectors|Raw 查看会话的完整响应，如图 9.33 所示。

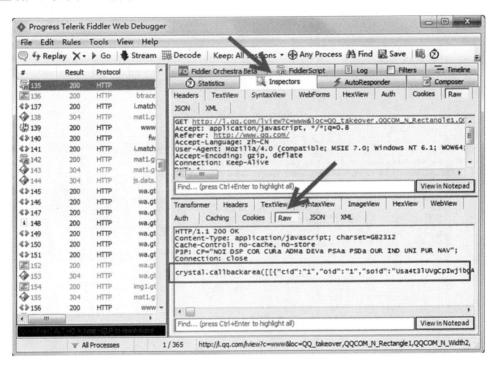

图 9.33　查看完整的响应体

（2）切换到 TextView 选项卡，只查看响应体，如图 9.34 所示。

可以看出，图 9.34 中的响应体仍然是一堆字符，看起来很乱。在第二行我们可以看到"cid":"1","oid":"1","soid":"Usa4t3lUVgCpIwjibgAVu84/AX/i"等类似的字符串。这是串在一起的 JSON"名称-值对"结构。JSON Inspector 会将响应体中这些 JSON 格式的字符串，显示为树状视图形式的 JSON 对象节点。

（3）查看响应体的 JSON。切换到 JSON 选项卡，可以看到显示的 JSON 对象节点，界面如图 9.35 所示。

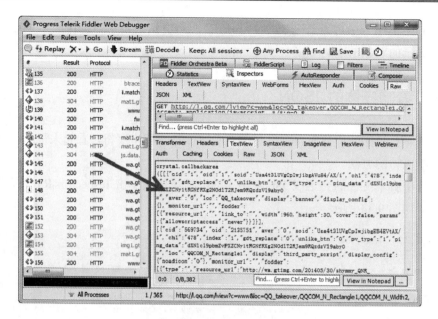

图 9.34　只查看响应体

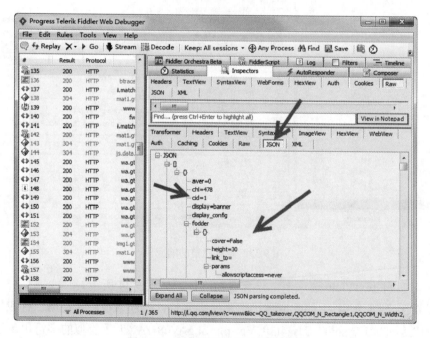

图 9.35　查看响应体的 JSON 视图

从图 9.35 中可以看到树状的 JSON 对象节点，每一组都是树状显示的 JSON 对象，并且都是按照字母顺序显示的。我们可以看到，图 9.36 中的"oid"："1"在 JSON 选项卡中显示为 oid=1。

　　（4）由于是按字母顺序显示的，我们可以依次找到"oid"、"1"和"soid"："Usa4t3lUVgCpIw jibgAVu84/AX/i"在 JSON 选项卡中的视图，如图 9.36 所示。

　　从图 9.36 中能更清晰地看到响应体的 JSON 字符串了。JSON 选项卡的下方有两个按钮（见图 9.35），Expand All 按钮会展开树的所有节点；Collapse 按钮会折叠所有节点。如果请求体包含的节点数少于 2000，JSON 树会自动展开。

图 9.36　查看 JSON 对象节点

　　对于不同的会话，响应体是不同的，查看到的 JSON 的"名称-值对"也是不同的。有些"名称-值对"在响应体中不会以字符的形式出现，如图 9.37 所示。

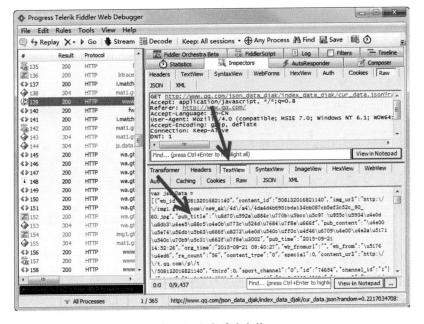

图 9.37　查看响应体

　　从图 9.37 中的响应体中可以看到类似于"pub_title"："\u8d70\u592a\u884c\u770b\u5bcc\ u5c97\u955c\u5934\u4e0d\u8db3\u4ee5\u88c5\u4e0b\u773c\u524d\u7684\u7f8e\u666f "的字符串。这样的字符串在 JSON 选项卡中显示为文字。查看该字符串对应的 JSON 对象节点，结果如图 9.38 所示。

　　从图 9.38 中可以看到，对象节点名称 pub_title 的值对为"走太行看富岗　镜头不足以装下眼前的美景"。

　　有时，在查看会话响应体的时候会发现响应体是一些乱码，如图 9.39 所示。

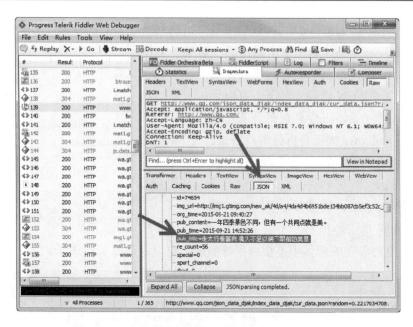

图 9.38　查看 JSON 对象节点

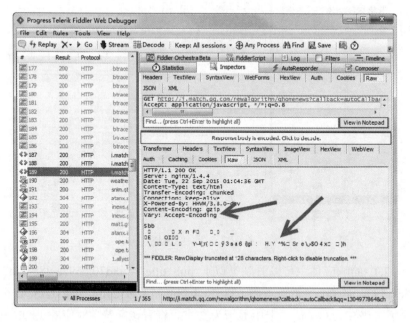

图 9.39　会话响应体中的乱码

从图 9.39 中可以看到，会话使用了 **gzip** 的压缩方式，压缩了响应对象，响应体是一些乱码。

（1）切换到 TextView 选项卡，如图 9.40 所示。

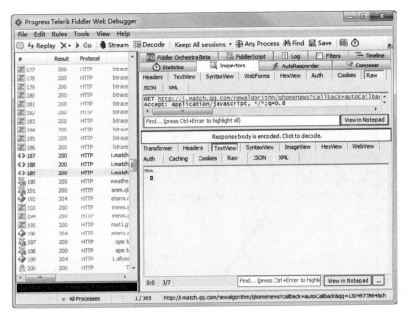

图 9.40　TextView 选项卡

虽然会话的响应体使用了压缩方式，但 JSON Inspector 可以渲染数据，即使响应体是压缩格式或使用了 HTTP Chunked 编码，也可以显示数据内容。

（2）切换到 JSON 选项卡，如图 9.41 所示。

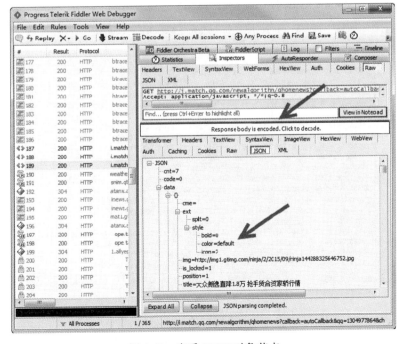

图 9.41　查看 JSON 对象节点

（3）对响应体解码，单击响应体上方黄色栏中的 Response body is encoded. Click to decode，或者右击会话，在弹出的快捷菜单中选择 Decode Selected Sessions 命令，完成操作后，再次查看会话的响应体，如图 9.42 所示。

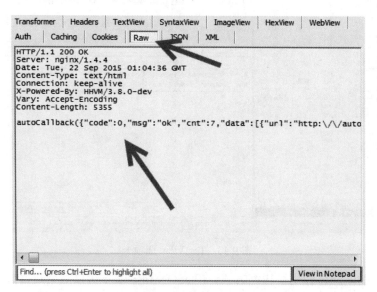

图 9.42　查看会话响应体

（4）切换到 TextView 选项卡，查看结果如图 9.43 所示。

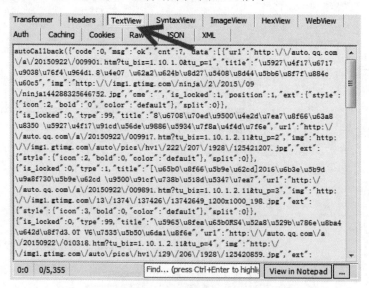

图 9.43　在 TextView 选项卡中查看响应体

从图 9.43 中可以看到解压后的会话对应的响应体了。

9.6 XML 会话

　　客户端通过浏览器访问服务器，服务器返回响应后，浏览器分析响应中的 HTML，如果引用了 XML 文件，就会产生 XML 格式的会话。在 Fiddler 中，我们可以通过 XML 选项卡进行查看。Fiddler 捕获的会话请求和响应体是 XML 格式，那么 XML 选项卡会把选中的会话请求和响应体解释成 XML 格式的字符串，并显示 XML 文档节点的树形图。如果会话的请求和响应体不是 XML 格式，树形图会是空的。

　　XML 是可扩展标记语言标准通用标记语言的子集，是一种用于标记电子文件使其具有结构性的标记语言。

　　查看 XML 格式的会话与查看 JSON 格式的会话请求和响应体的方法类似，这里以查看响应体为例，简单地做个介绍。

　　（1）打开捕获文件，选择 XML 格式的会话，依次单击 Inspectors|Raw 选项卡查看会话的完整响应，如图 9.44 所示。

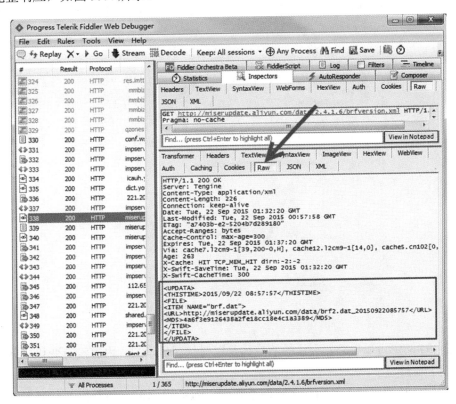

图 9.44 查看会话响应体

（2）切换到 TextView 选项卡只查看响应体，如图 9.45 所示。

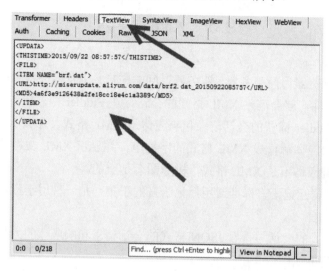

图 9.45　在 TextView 选项卡中查看响应体

（3）切换到 XML 选项卡，查看把会话解释成 XML 格式的字符串的树形图，如图 9.46 所示。

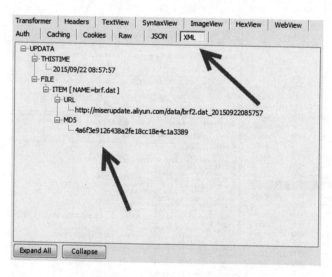

图 9.46　响应体的 XML 视图

从图 9.46 中可以看到，会话的响应体是以树状图显示的，内容没有变化，分层比较明显也便于观察。

在 XML 选项卡的下方同样也有两个按钮，Expand All 按钮会展开树的所有节点；Collapse 按钮会折叠所有节点。如果请求体包含的节点数少于 2000，XML 树会自动展开。

如果选择的会话使用了 **gzip** 的压缩方式，压缩了响应对象，则响应体是一堆乱码。

（1）查看会话的完整响应体，如图 9.47 所示。

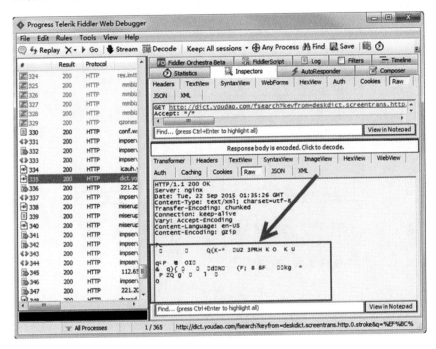

图 9.47　查看响应体

虽然会话的响应体使用了压缩方式，但 XML Inspector 同样可以渲染数据，即使响应体是压缩格式或使用了 HTTP Chunked 编码，也可以显示数据内容。

（2）切换到 XML 选项卡，如图 9.48 所示。

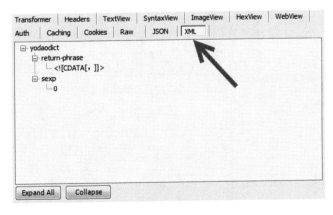

图 9.48　查看 XML 会话的视图

（3）对响应体解码，单击响应体上方黄色栏中的 Response body is encoded. Click to

decode，或者右击会话，在弹出的快捷菜单中选择 Decode Selected Sessions 命令，完成操作后，再次查看会话的响应体，如图 9.49 所示。

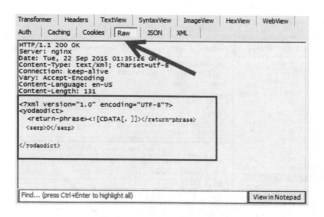

图 9.49　查看会话的响应体

解压后，我们再次看到了会话的响应体。

9.7　认证信息

如果在 HTTP 访问中，用户使用了上游代理，或其他用于 HTTP 身份验证的凭证，那么在会话的头部将会包含这些身份认证信息。我们可以通过 Auth 选项卡快速查看这些信息，如图 9.50 所示。

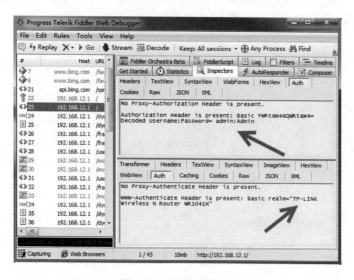

图 9.50　查看认证信息

第 10 章 修 改 会 话

Fiddler 不仅可以分析捕获到的会话，而且还具备一个更强大的功能——修改会话。用户可以设置会话断点，并对会话的请求和响应进行修改。因此无论是对开发人员，还是对测试人员来说，Fiddler 都是非常有用的工具。本章将详细讲解如何在 Fiddler 中修改会话。

10.1 会话断点

在设置断点之前，首先回顾一下 Fiddler 的工作原理。Fiddler 的核心是代理 Web 服务器。它使用代理地址 127.0.0.1 和端口 8888。Fiddler 位于用户与 Web 服务器之间，由它转发请求与响应，如图 10.1 所示。

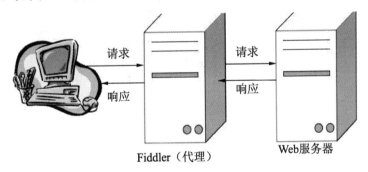

图 10.1 Fiddler 工作原理

Fiddler 作为代理服务器，在客户端和服务器之间传递客户端的请求和服务器的响应。会话断点根据添加的位置，可以分为请求断点和响应断点。

10.1.1 请求断点

会话在 Fiddler 接收到客户端的请求时断开，请求断点的原理如图 10.2 所示。

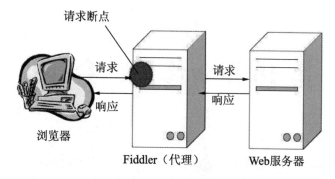

图 10.2　请求断点原理

10.1.2　响应断点

会话在 Fiddler 接收到服务器响应时断开，响应断点的原理如图 10.3 所示。

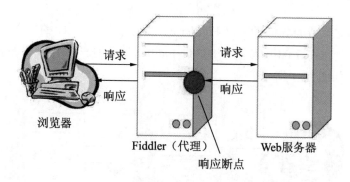

图 10.3　响应断点原理

10.2　设置请求断点

　　Fiddler 可以把客户端的请求拦截下来，修改后再发送给服务器。这就需要设置会话的请求断点。设置请求断点的方法有三种。用户可以在 Fiddler 中通过 Rules|Automatic Breakpoints 命令选择断点，也可以在命令行中输入命令完成断点的设置，还可以根据过滤器中的功能来设置断点。下面介绍设置请求断点的具体方法。

10.2.1　通过菜单栏设置请求断点

　　使用菜单栏方法设置请求断点会中断所有会话的请求，有一定的局限性。设置方法如下：

　　启动 Fiddler，在菜单栏中依次选择 Rules|Automatic Breakpoints|Before Requests 命令。当客户端访问网站时，Fiddler 会中断所有的请求会话，如图 10.4 所示。

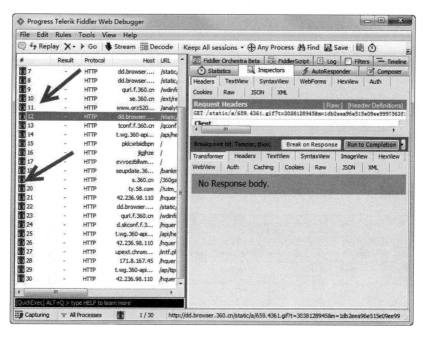

图 10.4　查看请求断点

　　从图 10.4 中可以看到，捕获的会话都在请求时被中断，这表示客户端发出的请求没有得到响应，也没有发送给服务器。请求被中断的会话是没有响应体的，因此客户端访问的网站都没有成功。例如，访问百度首页也将会被中断。在浏览器中可以看到客户端没有成功访问网站，如图 10.5 所示。

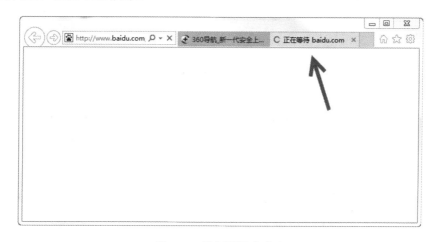

图 10.5　访问网站未成功

从图 10.5 中可以看到，客户端请求的 baidu.com 网站一直处于加载状态，客户端没能成功地访问网站。如果想取消请求断点，在菜单栏中依次选择 Rules | Automatic Breakpoints | Disabled 命令即可。

10.2.2 通过命令行设置请求断点

使用命令行方法设置请求断点是针对特定请求进行设置的。不同的请求，设置方法也不同。

1. 指定会话URL设置请求断点

（1）如果只设置 URL 中包含 www.baidu.com 会话的请求断点，则需要在命令行中输入 bpu www.baidu.com，如图 10.6 所示。

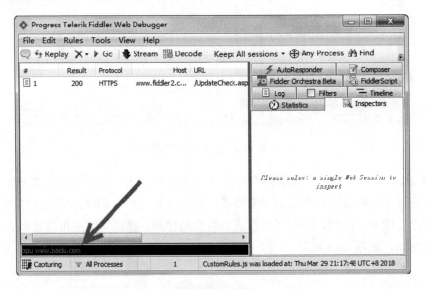

图 10.6　输入命令

（2）按回车键后命令消失，表示命令生效。在浏览器中访问其他网站和 www.baidu.com，查看捕获到的会话，如图 10.7 所示。

从图 10.7 中可以看到访问百度首页的会话请求被中断，客户端没有收到响应，会话无响应体。而访问其他网站（如 www.taobao.com）的会话的请求没有被中断，可以成功访问。

2. 指定会话请求方式，设置请求断点

会话的请求方式有多种，我们可以设置特定请求方式的断点，如设置请求方式为 GET 的断点。

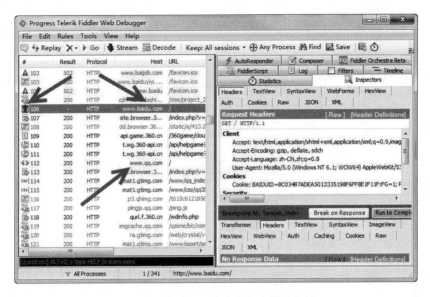

图 10.7　查看 bpu 请求断点中断的会话

（1）在命令行中输入 bpv GET 或 bpm GET，按回车键，通过浏览器访问网站，查看捕获的会话，如图 10.8 所示。

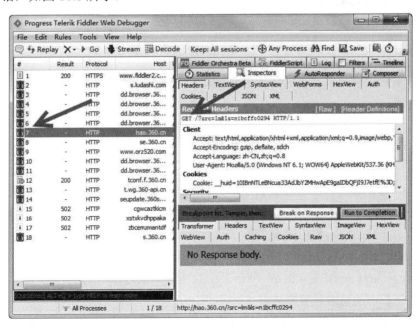

图 10.8　查看 bpv 请求断点中断的会话

从图 10.8 中可以看到许多会话的请求被中断。选择任意请求中断的会话，查看请求行信息，可以看到请求方式都为 GET，说明请求方式为 GET 的会话请求都被中断了。

（2）选择请求未中断的会话，可以在请求行看到请求方式是其他方式，如图 10.9 所示。

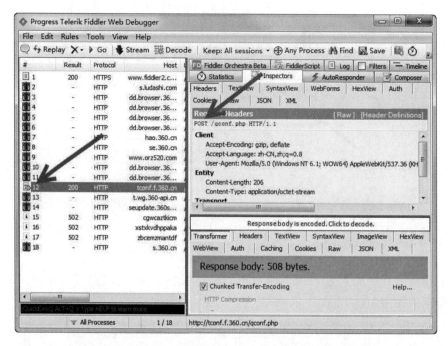

图 10.9　查看会话的请求方式

💡提示：如果想清除断点，在命令行中直接输入不加参数的断点命令（如 bpu、bpv/bpm）即可。

10.2.3　通过过滤器设置请求断点

启动 Fiddler，选择 Filters 选项卡，勾选 Use Filters 复选框，找到设置断点的区域，如图 10.10 所示。从图中的设置断点区域可以看到有 4 个选项可用于对会话设置断点，如支持对包含给定属性的请求和响应设置断点。下面介绍这些选项的含义。

- Break request on POST：对所有 POST 请求设置断点。
- Break request on GET with query string：对所有请求方法为 GET 且 URL 中包含给定查询字符串的请求设置断点。
- Break on XMLHttpRequest：对所有能够确定是通过 XMLHttpRequest 对象发送的请求设置断点。
- Break response on Content-Type：对所有响应头 Content-Type 中包含指定文本的响应设置响应断点。

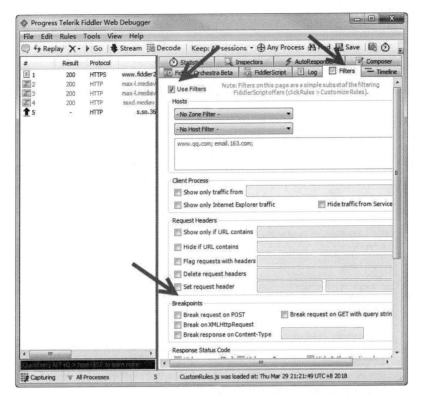

图 10.10　过滤选项卡

我们可以根据这些选项的功能设置断点。

（1）勾选 Break request on GET with query string 复选框，查看捕获到的会话，如图 10.11
所示。

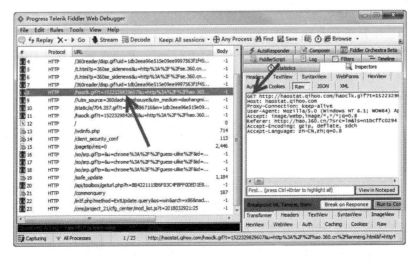

图 10.11　查看设置了请求断点的会话

从图 10.11 中可以看到请求被中断的会话，选择该会话，查看会话的请求行，可以看到请求方法为 GET。查看会话的 URL，可以看到一些字符串。这说明请求方法为 GET，且 URL 中包含给定查询字符串的请求被中断了。

（2）选择未被中断的会话，查看会话的 URL 和请求方法，如图 10.12 所示。

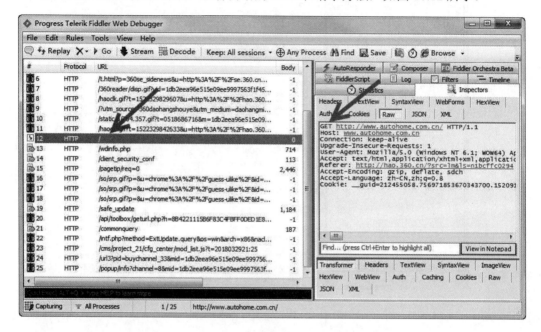

图 10.12　查看未被中断的会话

从图 10.12 中可以看到，虽然访问百度首页的请求方法也为 GET 方法，但由于 URL 中没有请求字符串，所以会话没有被中断。

提示：URL 字符串代表在 URL 中包含特殊字符，因为有些符号在 URL 中是不能直接传递的。如果要在 URL 中传递这些特殊符号，那么就要使用它们的编码了。常见的特殊符号有？、&、%、#等。

10.3　设置响应断点

Fiddler 可以把服务器的响应拦截下来进行修改后再发送给客户端，这就需要设置会话的响应断点。设置响应断点的方法也有三种。用户可以通过 Fiddler 的 Rules|Automatic Breakpoints 菜单命令选择断点的设置方式，也可以通过在命令行中输入命令来完成断点的设置，还可以根据过滤器里的功能来设置断点。下面介绍设置响应断点的具体方法。

10.3.1 通过菜单栏设置响应断点

使用菜单栏方法设置响应断点会中断所有会话的响应，所以也具有一定的局限性。设置方法为：启动 Fiddler，在菜单栏中依次选择 Rules|Automatic Breakpoints|After Responses 命令，当客户端访问网站时，Fiddler 会中断所有的响应会话，如图 10.13 所示。

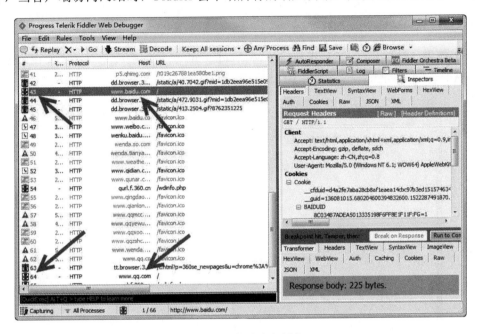

图 10.13　查看响应断点

从图 10.13 中可以看到，捕获的会话都在响应时被中断，这表示服务器的响应没有发送给客户端。因此，客户端访问的网站同样都没有成功，如图中访问的 www.baidu.com、www. taobao.com、www.qq.com 等。回到浏览器中可以看到客户端没有成功访问网站，如图 10.14 所示。

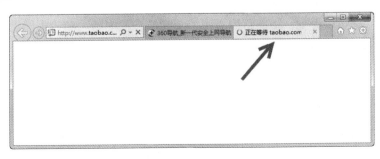

图 10.14　访问网站未成功

如果想取消响应断点，则在菜单栏中依次选择 Rules|Automatic Breakpoints|Disabled 命令即可。

10.3.2　通过命令行设置响应断点

使用命令行方法可以针对特定响应进行设置。不同的请求其设置方法也不同。

1．指定会话URL设置响应断点

（1）如果只设置针对 URL 中包含 www.baidu.com 会话的响应断点，需要在命令行中输入 bpafter www.baidu.com，如图 10.15 所示。

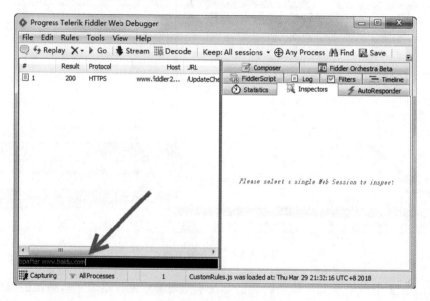

图 10.15　输入命令

（2）按回车键后命令消失，表示命令生效。在浏览器中访问其他网站和 www.baidu.com，查看捕获到的会话，如图 10.16 所示。

从图 10.16 中可以看到，访问百度首页的会话响应被中断。和请求断点不同的是，响应断点的会话是有响应体的。而访问其他网站（如 www.taobao.com）的会话的响应却没有被中断，可以成功访问。

2．指定会话响应状态码设置响应断点

会话的响应状态有很多种，用户可以根据会话的响应状态码来设置响应断点。例如，设置状态码为 200 的会话响应断点。在命令行中输入 bps 200，按回车键后通过浏览器访

问网站，查看捕获到的会话，如图 10.17 所示。

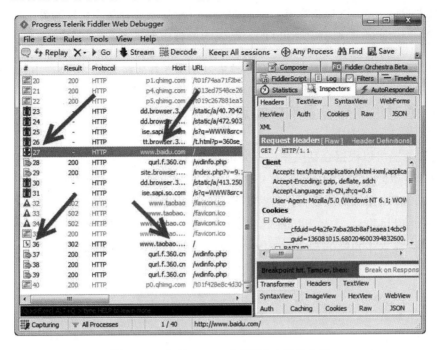

图 10.16 查看 bpafter 响应断点中断的会话

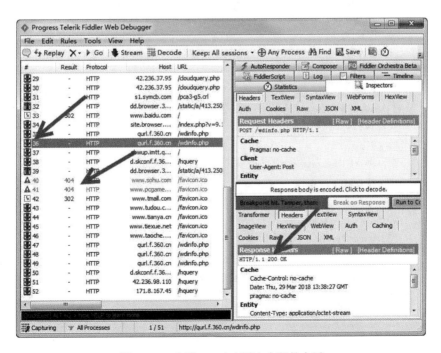

图 10.17 查看 bps 响应断点中断的会话

从图 10.17 中可以看到，许多会话响应被中断。在 Web Session 列表的 Result 列中也不会看到状态码 200。选择任意响应中断的会话，查看响应行信息可以看到，响应的状态码均为 200，说明响应状态码为 200 的会话响应都被中断了。

💭提示：如果想清除断点，则在命令行直接输入不加参数的断点命令（bps、bpafter）即可。

10.3.3 通过过滤器设置响应断点

通过过滤器可以根据会话类型设置会话的响应断点。例如，设置图片类型会话的响应断点，图片类型会话的 Content-Type 中包含图片格式（如 JPG、GIF、JPEG、PNG 等）字样。这里以 JPEG 图片为例设置图片类型会话的响应断点。下面是设置的方法。

（1）启动 Fiddler，选择 Filters 选项卡，勾选 Use Filters 复选框，并在设置断点的区域中勾选 Break response on Content-Type 复选框，在后面的文本框中输入 jpeg，如图 10.18 所示。

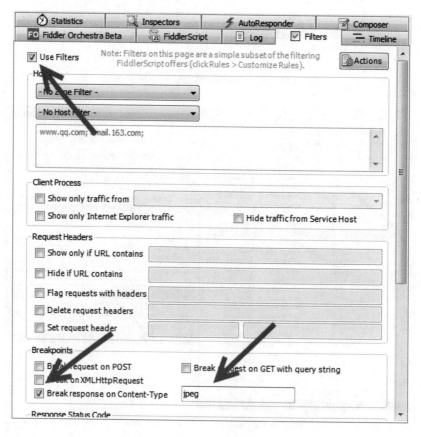

图 10.18　设置断点

（2）浏览网页。如果网页中包含的图片为 JPEG 格式，将不会显示该图片，查看浏览的结果，如图 10.19 所示。

图 10.19　浏览的网页

从图 10.19 中可以看到，没有出现背景图片。这是由于 Fiddler 已经为背景图片（JPEG类型）的会话设置了响应断点，所以在浏览器中不会返回该类型的图片。

（3）返回 Fiddler 中查看响应断点的会话，如图 10.20 所示。

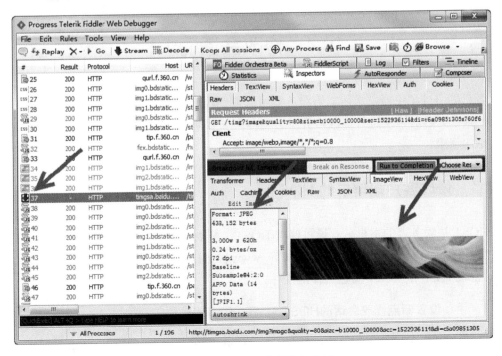

图 10.20　查看响应断点的会话

从图 10.20 中可以看到被中断的会话。选择该会话，在会话的 ImageView 选项卡中可以看到该会话的视图是一张图片，图片格式也为 JPEG。这说明 JPEG 格式的会话响应已被成功中断。在 Web Session 列表的 Content-Type 列中不会显示被中断的会话类型。

（4）取消断点后重新访问刚才的网页，此时可以看到背景图片，如图 10.21 所示。

图 10.21　浏览图片

10.4　修改会话请求

客户端通过浏览器发送请求给服务器可以得到相应的网站或网页。Fiddler 可以中断客户端的请求，并对请求进行修改，从而影响客户端后期得到的响应。下面详细介绍如何修改会话的请求。

10.4.1　修改客户端请求的 HOST

HOST 是服务器的主机名。通过修改 HOST，可以使客户端原本想访问的网站或网页变成其他主机的网站或网页。这里以访问 www.baidu.com 为例，通过修改 HOST 返回 www.taobao.com 主页。下面是具体的操作方法。

1．手动设置断点修改会话的HOST

（1）启动 Fiddler，在浏览器中输入 www.baidu.com，成功打开百度首页，如图 10.22 所示。

图 10.22　成功访问百度

（2）查看访问百度首页的会话，如图 10.23 所示。

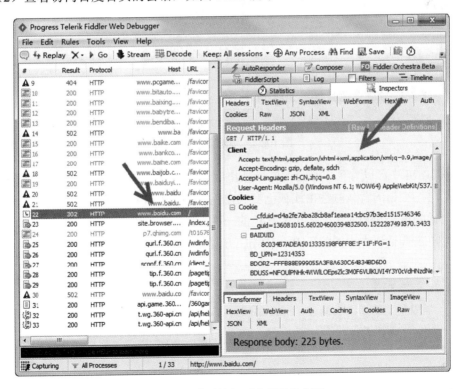

图 10.23　查看访问百度首页的会话

从图 10.23 中可以看到访问百度首页的会话，并且会话的请求背景颜色为浅绿色，表示不能对会话的请求进行编辑。

（3）右击会话，依次选择 Replay|Reissue and Edit 命令，或选中会话后使用快捷键 E 使会话的请求中断，如图 10.24 所示。

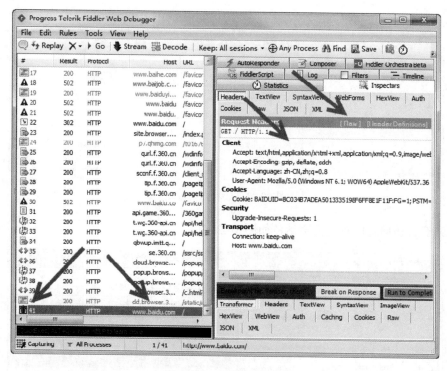

图 10.24　中断会话请求

从图 10.24 中可以看到，对会话进行操作后会重新生成新的会话，来代替请求中断的会话。此时，会话的背景颜色由浅绿色变成白色，用户可以对会话的请求进行编辑修改。同时，会话的请求和响应之间多出来红色的一栏，用于再次发送会话请求。

（4）单击会话请求中的黄色[Raw]按钮，查看会话的原始请求，如图 10.25 所示。

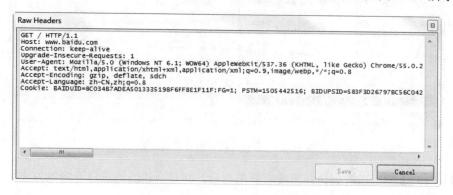

图 10.25　查看会话的原始请求

（5）修改请求的 HOST，把 www.baidu.com 改为 www.taobao.com，如图 10.26 所示。

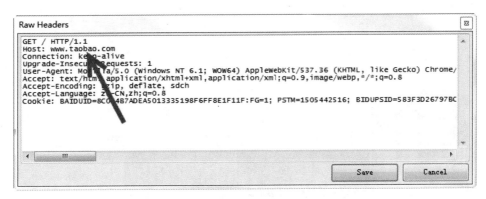

图 10.26　修改 HOST

（6）单击 Save 按钮，窗口关闭，返回 Fiddler，单击红色栏中的 Run to Completion 按钮查看会话，如图 10.27 所示。

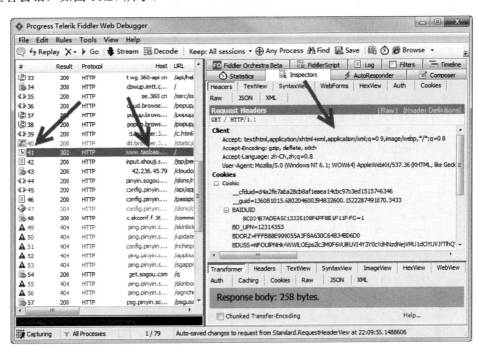

图 10.27　查看修改后的会话

从图 10.27 中可以看到，会话的主机名由 www.baidu.com 变成了 www.taobao.com。会话的请求背景颜色又变回浅绿色。

（7）单击请求上方的 Browse 按钮，或者右击该会话，依次选择 Replay|Revisit in IE 命

令，将会在另一个浏览器窗口中打开修改后的界面，如图 10.28 所示。

图 10.28　查看修改过的网页

2．自动设置断点修改会话的HOST

（1）启动 Fiddler，设置百度首页请求断点，在命令行输入 bpu www.baidu.com，如图 10.29 所示。

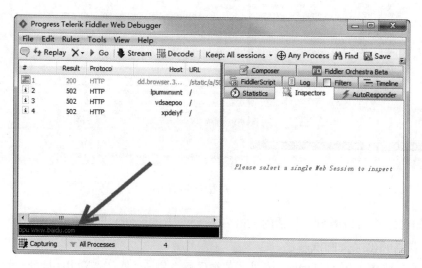

图 10.29　设置请求断点

（2）此时，访问百度首页，无法显示网页，如图 10.30 所示。

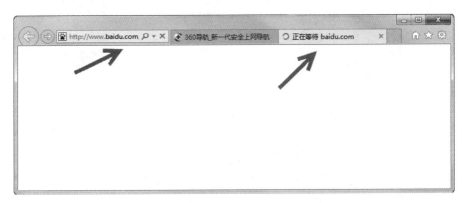

图 10.30　未能成功访问百度首页

（3）查看访问百度首页的会话，如图 10.31 所示。

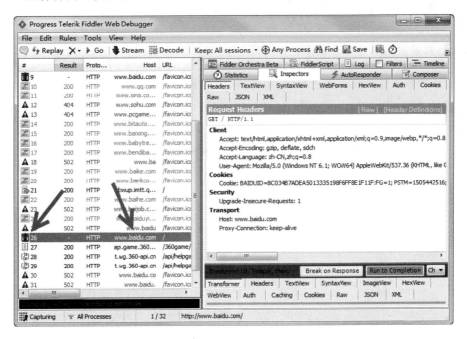

图 10.31　查看设置了请求断点的会话

（4）这时，设置了请求断点的会话处于编辑修改状态。单击会话请求中的黄色[Raw]
按钮，将请求中的 HOST 由 www.baidu.com 改为 www.taobao.com。单击 Save 按钮，然后
单击红色栏中的 Run to Completion 按钮，重新请求会话，此时请求的是被修改过的
www.taobao.com。返回浏览器，可以看到淘宝首页，如图 10.32 所示。

图 10.32　修改后的界面

3．不需要设置断点修改请求的HOST

这是一种替换的方法，通过 urlreplace HOST1 HOST2 命令替换请求的 HOST，使得要发送到的 HOST1 的请求被转发到 HOST2 上。例如，客户端要访问 www.baidu.com，最后访问的是 www.qq.com。下面是具体的设置方法。

（1）启动 Fiddler，在命令行输入 urlreplace www.baidu.com www.qq.com 命令，如图 10.33所示。

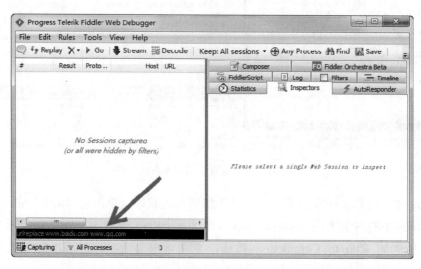

图 10.33　输入命令

（2）启动浏览器，如图 10.34 所示。

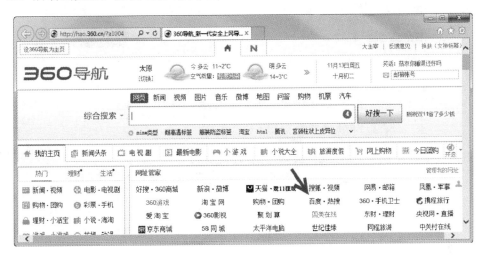

图 10.34　浏览器界面

（3）单击"百度"链接，会看到访问的百度首页变成了腾讯首页，如图 10.35 所示。

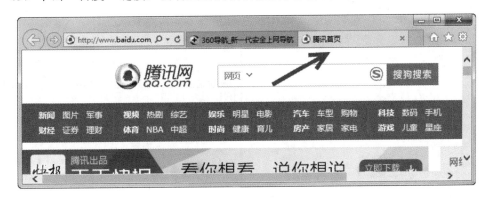

图 10.35　转发后的界面

10.4.2　修改客户端搜索的内容

通过修改客户端搜索的内容，可以使客户端无法得到需要的内容，而变成其他搜索结果。例如，客户端想要搜索笑话，通过对该会话设置请求断点，可以对搜索内容进行修改，使客户端搜索到的不是笑话，而是其他内容（如诗歌）。下面介绍具体的操作方法。

（1）启动 Fiddler，在浏览器中通过百度搜索笑话，如图 10.36 所示。

图 10.36　搜索笑话

（2）Fiddler 会捕获客户端搜索笑话大全的会话，查看该会话，如图 10.37 所示。

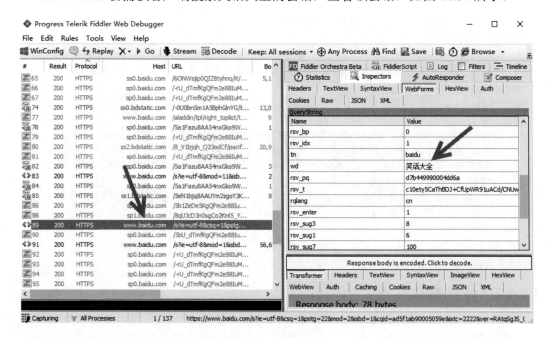

图 10.37　查找会话

在图 10.37 中选中会话的 Inspectors 选项卡的 WebForms 选项卡，wd 变量保存着客户端的搜索内容"笑话大全"。右击该会话，将会话的 URL 复制出来。

（3）在命令行中输入 bpu URL（URL 为刚才复制的网址），如图 10.38 所示。

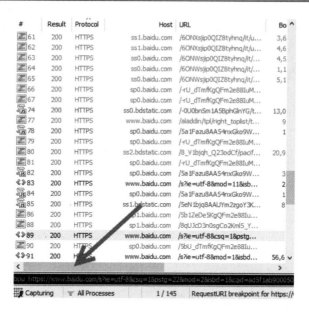

图 10.38　设置断点

（4）按回车键，设置断点命令生效。当客户端再次访问该 URL 时会话的请求就会被中断，捕获到的会话如图 10.39 所示。

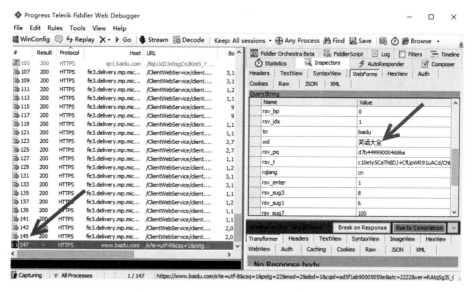

图 10.39　查看请求中断的会话

（5）将变量 wd 的值"笑话大全"改成"经典笑话"，然后单击红色栏中的 Run to Completion 按钮，客户端搜索"笑话大全"时就变成搜索"经典笑话"了，如图 10.40 所示。

图 10.40　查看修改后的内容

10.4.3　修改请求标题和内容不符

通过修改客户端请求的标题，可以使客户端得到的内容和标题不一致。例如，客户端想搜索小狗图片，就会输入"小狗图片"，搜索成功后得到小狗图片。对该会话设置请求断点后就可以对输入的标题（小狗图片）进行修改。当客户端再次浏览该图片的网址时，就可以看到搜索的标题与内容不符。下面是具体的操作方法。

（1）启动 Fiddler，通过浏览器浏览图片（如小狗图片），如图 10.41 所示。

图 10.41　搜索图片

（2）Fiddler 会捕获到客户端发出的搜索"小狗图片"的会话，查看该会话的内容，如图 10.42 所示。

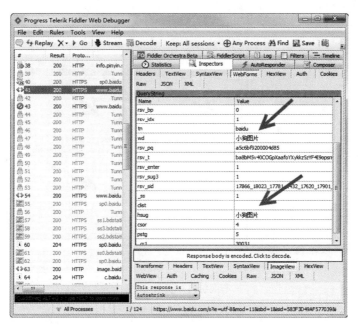

图 10.42　查看会话

找到搜索"小狗图片"的会话后，可以看到在该会话的 Inspectors 选项卡下的 WebForms 选项卡中，变量 wd 的值为"小狗图片"，变量 hsug 的值也为"小狗图片"。

（3）在浏览器中任意选择一张图片，单击查看单张图片，如图 10.43 所示。

图 10.43　查看单张图片

（4）Fiddler 仍然会捕获到该操作的会话，查看该会话的内容，如图 10.44 所示。

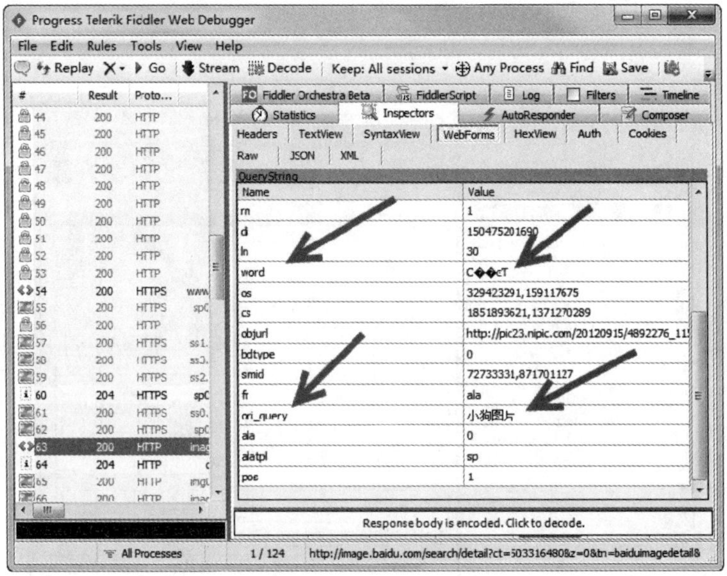

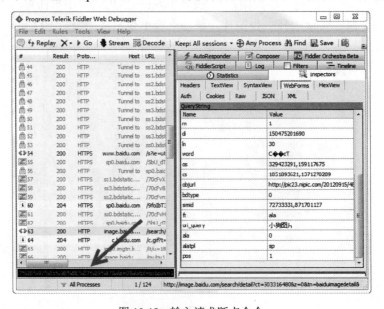

图 10.44　查看会话

图 10.44 中第 63 个会话不是图片类型的会话。在会话的 Inspectors 选项卡下的 Web-Forms 选项卡中，可以看到变量 word 的值为乱码。变量 ori_query 的值为"小狗图片"，右击该会话，将会话的 URL 复制出来。

（5）在命令行中输入 bpu URL（URL 为复制的会话 URL），如图 10.45 所示。

图 10.45　输入请求断点命令

（6）按回车键，设置断点命令生效。当客户端再次访问该 URL 时，会话的请求就会被中断，捕获到的会话如图 10.46 所示。

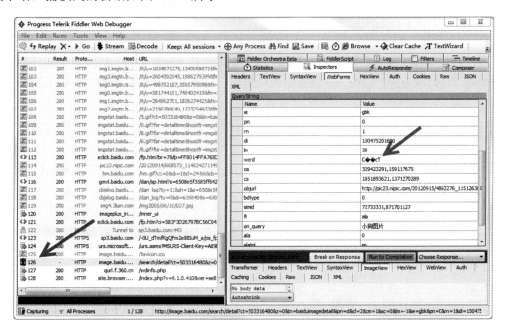

图 10.46　查看请求断点会话

（7）将变量 word 的值改为"小猫图片"。然后单击红色栏中的 Run to Completion 按钮，客户端想要搜索的"小狗图片"标题就发生了变化，如图 10.47 所示。

图 10.47　修改后的界面

10.5 修改会话响应

客户端通过浏览器发送请求给服务器，服务器会返回对应的内容。Fiddler 可以中断服务器的响应，并对响应进行修改，从而改变客户端显示的内容。下面讲解如何修改会话的响应。

10.5.1 删除服务器响应体

用户可以对会话的响应进行拦截，并删除响应体。这样，客户端收到的网页内容为空。下面是操作方法。

（1）启动 Fiddler 后，当客户端正常访问网页时会返回对应的内容。例如，访问 www.sohu.com，如图 10.48 所示。

图 10.48 搜狐首页

（2）Fiddler 捕获到对应的会话，查看会话内容，如图 10.49 所示。

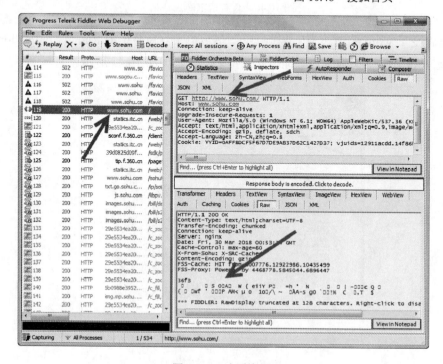

图 10.49 查看会话

在图 10.49 中选中的会话包含响应体。右击该会话，复制会话的 URL。

（3）在命令行中输入 bpafter URL（URL 为复制的会话 URL），如图 10.50 所示。

（4）按回车键，设置断点命令生效。当客户端再次访问该 URL 时，会话的请求就会被中断。捕获到的会话如图 10.51 所示。

由于对图 10.51 中第 618 个会话的响应体进行了压缩，所以需要单击响应体上方的黄色栏"Response body is encoded. Click to decode"进行解压。

（5）切换到 TextView 选项卡，查看响应体，如图 10.52 所示。

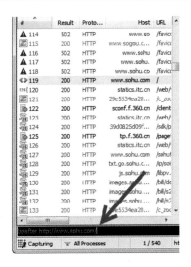

图 10.50　输入命令设置断点

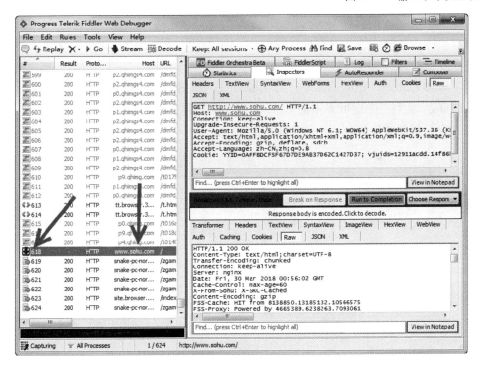

图 10.51　查看断点会话

（6）删除响应体的内容（<body>标签中的内容），然后单击红色栏中的 Run to Completion 按钮，客户端想要打开的搜狐网页将不会显示任何内容，如图 10.53 所示。

图 10.52 查看响应体

图 10.53 浏览器中无内容

10.5.2 更换响应体文字

通过对服务器响应体的内容进行修改，可以使客户端显示的页面发生改变。下面是具体的修改方法。

（1）启动 Fiddler，在浏览器中打开优酷首页，如图 10.54 所示。从图中可以看到，优酷首页的标题为"优酷-这世界很酷"，下方有一个标题为"即时热点"。

（2）查看捕获的优酷会话，如图 10.55 所示。

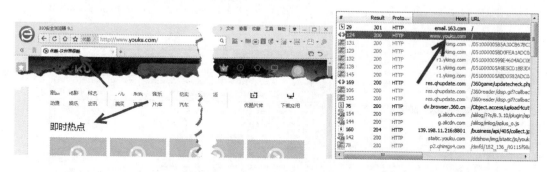

图 10.54 优酷首页

图 10.55 查看会话

（3）复制会话的 URL，通过 bpafter URL 命令设置响应断点。客户端再次搜索优酷首页时就会被中断。捕获到的会话如图 10.56 所示。由于图中选中的会话响应体已经过压缩，所以需要单击响应体上方的黄色栏 Response body is encoded. Click to decode. 进行解压。

（4）切换到 TextView 选项卡查看响应体，如图 10.57 所示。

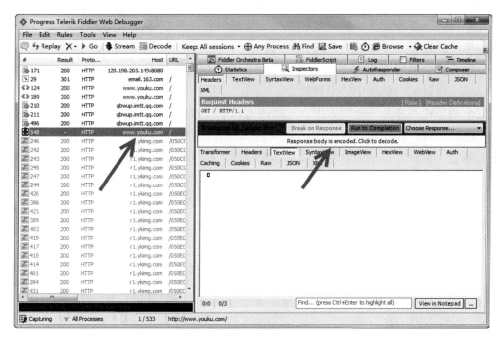

图 10.56　查看断点会话

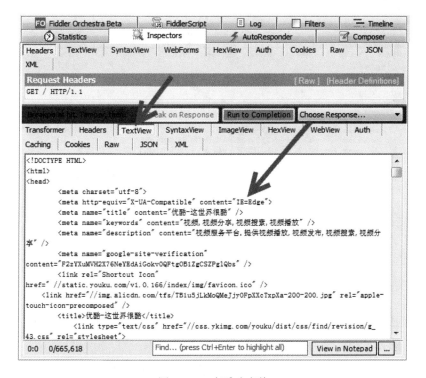

图 10.57　查看响应体

响应体的下方是个条形栏，显示了一些其他信息，下面是这些信息的具体含义。

• 第一栏显示光标当前所在的行和列。

• 第二栏以偏移/总数形式显示当前字符在全部内容中的偏移。

• 第三栏显示当前选中的字符数。

三个条形栏右边是一个搜索框，支持在内容中搜索文本。搜索的文本区分大小写，不支持正则表达式。在输入过程中 Fiddler 会自动执行匹配。如果找到了匹配项，搜索框会显示为绿色；否则，显示为红色。找到匹配项后，按回车键或 F3 键可以跳到下一个匹配项。按 Ctrl+Enter 键会高亮显示所有匹配项。

单击搜索框后的 View in Notepad 按钮，可以把文本内容保存到临时文件中，并在文本编辑器中打开。文本编辑器默认为记事本工具。单击省略号按钮，可以把内容保存到临时文件中，并弹出打开方式对话框。用户可从中选择一个程序来处理临时文件。

（5）在搜索框中输入"优酷-这世界很酷"进行搜索，如图 10.58 所示。

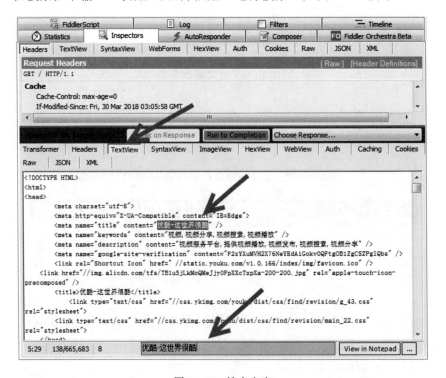

图 10.58　搜索文字

正常访问的优酷页面显示的标题为"优酷-这世界很酷"。这里将其修改为"优酷-就是酷"。用同样的方法将"即时热点"修改为"快捷热点"。

（6）单击红色栏中的 Run to Completion 按钮，返回浏览器查看优酷首页，如图 10.59 所示。

图 10.59　查看修改的界面

10.5.3　更换响应体图片

对服务器响应体的图片进行替换也会影响客户端显示的页面。下面是替换方法。

（1）启动 Fiddler，通过浏览器浏览图片，如图 10.60 所示。

图 10.60　浏览图片

（2）Fiddler 会捕获到浏览图片的这些会话，查看捕获图片的会话，如图 10.61 所示。

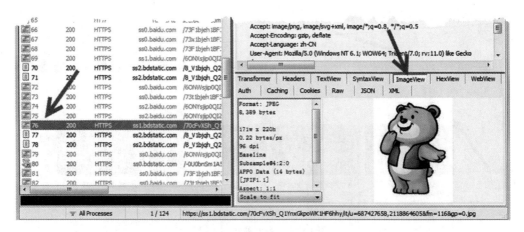

图 10.61　查看图片会话

（3）切换到 AutoResponder 选项卡，如图 10.62 所示。

图 10.62　自动响应选项卡

如图 10.62 所示的选项卡可以在请求时自动触发。最上方有三个复选框，下面介绍它们的功能。

- Enable rules：控制是否激活 AutoResponder 选项卡，如果没有选中该复选框，其他复选框不起作用。
- Unmatched requests passthrough：指定当会话不匹配任何给定的规则时进行的操作。
- Enable Latency：匹配某个规则的请求时，由该选项决定是立即执行，还是延迟

　　Latency 字段指定的毫秒时间。

　　（4）勾选 Enable rules 和 Unmatched requests passthrough 复选框，选中刚才的图片会话，并拖到中间的框中，如图 10.63 所示。

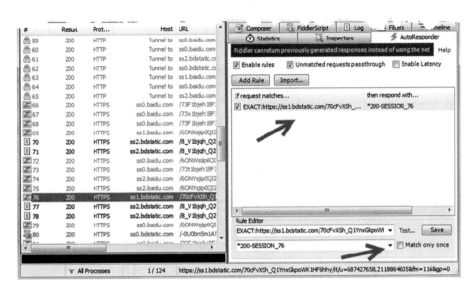

图 10.63　自定义响应

　　（5）单击最下面的下拉列表，选择 Find a file...选项，弹出 Choose response file 对话框，如图 10.64 所示。

图 10.64　Choose response file 对话框

（6）选择要更换的图片，然后单击"打开"按钮，返回到 Fiddler，如图 10.65 所示。

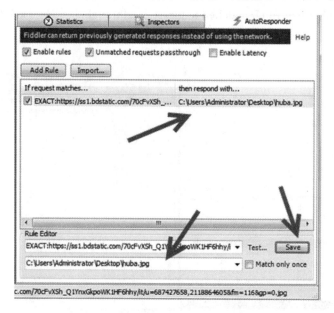

图 10.65　自定义的响应

（7）单击 Save 按钮，开始生效。如果只要生效一次，可以勾选 Match only once 复选框。当客户端再次访问会话的 URL 时就可以看到图片已被替换，如图 10.66 所示。

图 10.66　修改后的界面

推荐阅读

从实践中学习TCP/IP协议

作者: 大学霸IT达人   书号: 978-7-111-63037-1   定价: 79.00元

本书从理论、应用和实践三个维度讲解了TCP/IP协议的相关知识，书中通过96个实例手把手带领读者从实践中学习TCP/IP协议。本书根据TCP/IP协议的层次结构，逐层讲解了各种经典的网络协议，如Ethernet、IP、ARP、ICMP、TCP、UDP、DHCP、DNS、Telnet、SNMP、WHOIS、FTP和TFTP等。本书不仅通过Wireshark分析了每种协议的工作原理和报文格式，还结合netwox工具讲解了每种协议的应用，尤其是在安全领域中的应用。本书适合大中专院校的学生、网络工程师和网络安全人员阅读。

从实践中学习Metasploit 5渗透测试

作者: 大学霸IT达人   书号: 978-7-111-63085-2   定价: 89.00元

本书从理论、应用和实践三个维度讲解了新版Metasploit 5渗透测试的相关知识，书中通过153个操作实例手把手带领读者从实践中学习Metasploit 5渗透测试技术。本书共7章，详细介绍了Metasploit的使用流程和主要功能，如环境搭建、获取漏洞信息、准备渗透项目、实施攻击、扩展功能、漏洞利用和辅助功能。附录给出了Metasploit常用命令，并介绍了Nessus插件和OpenVAS插件的使用方法。

从实践中学习Kali Linux网络扫描

作者: 大学霸IT达人   书号: 978-7-111-63036-4   定价: 69.00元

从理论、应用和实践三个维度讲解网络扫描的相关知识
通过128个操作实例手把手带领读者从实践中学习网络扫描

本书通过实际动手实践，带领读者系统地学习Kali Linux网络扫描的各方面知识，帮助读者提高渗透测试的技能。本书涵盖的主要内容有网络扫描的相关概念、基础技术、局域网扫描、无线网络扫描、广域网扫描、目标识别、常见服务扫描策略、信息整理及分析等。附录中给出了特殊扫描方式和相关API知识。本书适合渗透测试人员、网络维护人员和信息安全爱好者阅读。

推荐阅读

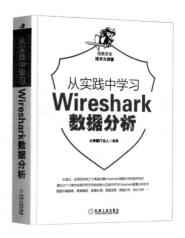

从实践中学习Kali Linux渗透测试

作者：大学霸IT达人　书号：978-7-111-63258-0　定价：119.00元

本书从理论、应用和实践三个维度讲解Kali Linux渗透测试的相关知识，并通过145个操作实例手把手带领读者进行学习。本书涵盖渗透测试基础、安装Kali Linux系统、配置Kali Linux系统、配置靶机、信息收集、漏洞利用、嗅探欺骗、密码攻击和无线网络渗透测试等相关内容。本书适合渗透测试人员、网络维护人员和信息安全爱好者阅读。

从实践中学习Kali Linux无线网络渗透测试

作者：大学霸IT达人　书号：978-7-111-63674-8　定价：89.00元

本书从理论、应用和实践三个维度讲解Kali Linux无线网络渗透测试的相关知识，并通过108个操作实例手把手带领读者进行学习。本书涵盖渗透测试基础知识、搭建渗透测试环境、无线网络监听模式、扫描无线网络、捕获数据包、获取信息、WPS加密模式、WEP加密模式、WPA/WPA2加密模式、攻击无线AP和攻击客户端等相关内容。本书适合渗透测试人员、网络维护人员和信息安全爱好者阅读。

从实践中学习Wireshark数据分析

作者：大学霸IT达人　书号：978-7-111-64354-8　定价：129.00元

本书从理论、应用和实践三个维度讲解Wireshark数据分析的相关知识，并通过201个操作实例手把手带领读者进行学习。本书涵盖网络数据分析概述、捕获数据包、数据处理、数据呈现、显示过滤器、分析手段、无线网络抓包和分析、网络基础协议数据包分析、TCP协议数据分析、UDP协议数据分析、HTTP协议数据包分析、其他应用协议数据包分析等相关内容。本书适合网络维护人员、渗透测试人员、网络程序开发人员和信息安全爱好者阅读。